国家社会科学基金项目(13CJY016)
青海省哲学社会科学规划项目(19036)

三江源牧户的草地生态保护行为
和生计能力

李惠梅◎著

科学出版社

北　京

内 容 简 介

本书以生态经济学、行为经济学、福利经济学等理论为基础，结合民族聚居区——三江源自然保护区牧户访谈数据，探究牧户在信仰-利益博弈下对生态环境退化、恢复及治理和生态保护的行为和机理，理解牧户生计、能力的特殊性和脆弱性及其面临的风险，并深层次探讨牧户的生计策略对其行为选择的影响以及导致的福祉变化，提出三江源生态保护管理的整体性政策设计与制度安排，为实现民族区域和生态主体功能区域自然经济社会可持续发展提供决策参考。本书构建民族聚居区草地生态保护调控技术与管理模式，为青藏高原生态经济社会可持续发展提供重要的科学依据。

本书可为草地管理部门、农业农村管理部门、三江源国家公园管理局等政府相关部门制定政策提供参考，也可为自然资源经济研究者提供参考。

图书在版编目（CIP）数据

三江源牧户的草地生态保护行为和生计能力/李惠梅著. —北京：科学出版社，2021.11
 ISBN 978-7-03-069527-7

Ⅰ.①三… Ⅱ.①李… Ⅲ.①草原保护－生态环境保护－研究－青海②牧民－生活状况－研究－青海 Ⅳ.①S812.6②D422.7

中国版本图书馆CIP数据核字（2021）第160442号

责任编辑：杨婵娟 王勤勤 / 责任校对：贾伟娟
责任印制：李 彤 / 封面设计：有道文化

科学出版社 出版
北京东黄城根北街 16 号
邮政编码：100717
http://www.sciencep.com

北京建宏印刷有限公司 印刷
科学出版社发行 各地新华书店经销
*
2021 年 11 月第 一 版 开本：720×1000 B5
2022 年 3 月第二次印刷 印张：13
字数：262 000

定价：88.00 元

（如有印装质量问题，我社负责调换）

前　言

Foreword

　　党的十八大报告提出"大力推进生态文明建设",将生态文明建设提到一个前所未有的高度。生态文明建设是关系人民福祉、关乎民族未来的长远大计。习近平总书记 2016 年 8 月在考察青海时说,"青海最大的价值在生态、最大的责任在生态、最大的潜力也在生态"[①]。"生态立省"是青海的主要发展战略,加强生态文明建设,实施生态保护是其重要的战略举措。研究青海的生态文明建设对青藏高原自然资源可持续利用及保护意义重大而深远。三江源是我国长江、黄河、澜沧江中下游地区和东南亚国家生态环境安全及区域可持续发展的生态屏障,自 2005 年开始,由政府主导在三江源全面实施生态保护项目,但缺乏牧户积极主动的参与,可能会影响三江源草地生态恢复及保护的效果和速度。

　　公众参与环境管理早已被公认为是解决环境问题的关键举措。民族地区经济发展、环境保护和社会稳定的核心是在深层次把握和理解牧户在民族地区特有的宗教信仰和作为"理性经济人"追求利益最大化等博弈下的行为选择机制,并优化牧户的生计和生态补偿机制来改善牧户的福利水平,以努力促进和发挥民族地区最基本的行为决策者和活动主体(即牧户)参与生态环境保护的主动性。然而,民族地区的经济发展比较落后,牧户因生计能力和生活习惯的制约以及生态环境知识的缺乏,对生态保护的行为响应基本上是在政府主导下的被动式服从,同时在生计和能力的制约下难以实现生态保护的主动响应和参与,更无法谈及参与环境管理和通过博弈及谈判来维护权益,难以实现牧户的个体发展和区域的可持续发展。因此,研究牧户在三江源生态保护中的行为响应机制及其关键因素——生计模式,激励牧户持续地参加生态保护,对最终持续推进三江源中后期的生态保护和维护社会经济可

[①]　生态是青海最大的价值,http://m.xinhuanet.com/qh/2018-08/07/c_1123233167.htm。

持续发展至关重要。本书主要研究内容如下。

第一，探究了牧户在"信仰-风险损失"博弈下对生态环境退化、恢复及治理和生态保护行为的决策及影响因素差异性。通过对青海三江源自然保护区参与式结构问卷调查研究，结合 Tobit 模型分析和探讨了影响牧户环境退化感知的主要影响因素；从主体角度运用有限理性和认知-刺激-行为理论探讨了牧户参与生态保护响应行为的机理，并定量分析了牧户参与生态保护响应度与牧户的生计、退化感知和外部性之间的关系；进一步结合行为经济学理论及实证分析，探讨了三江源草地生态退化中牧户运用生计策略进行保护行为决策的框架，通过多分类 Logistic 模型分析了影响牧户选择限制放牧、生态移民和产业移民等不同保护模式行为的影响因素。

第二，采用英国国际发展部（Department for International Development，DFID）的可持续生计框架，结合三江源移民的 356 份有效问卷调查数据，定量分析了三江源牧户移民前后的生计资本变化状况，剖析了牧户生计发展的制约因素。

第三，采用可持续生计框架和森（Sen）的能力理论，结合问卷调查数据探讨了三江源牧户生计的多样化和脆弱性及面临的风险，并定量分析了牧户的能力与生计多样化和幸福感的关系。结合马斯洛的需求层次理论探讨了福祉的内涵，构建了福祉评价体系，探讨了三江源牧民参与生态保护前后的福祉变化及其行为响应分析。

三江源牧户选择生态保护的行为决策，既不是完全地按照经济学的利益最大化原则，也不是基于风险厌恶的保护行为，而是在生态退化刺激下和宗教信仰的影响下，基于有限理性而形成的特殊的被动行为决策机制。生计能力是三江源牧户应对生态保护行为选择中风险的决定性因素。因此，如何降低牧户选择生态保护行为响应后的各种风险并提高牧户面对风险的能力，提高其生计水平以增强风险应对能力是促进牧户参与生态保护行为及其可持续的切入点和关键。

本书是国家社会科学基金项目（13CJY016）和青海省哲学社会科学规划项目（19036）的研究成果。本书的出版受青海民族大学高层次人才项目、校级重点项目和青海省"昆仑英才.高端创新创业人才"项目、青海民族大学生态环境与资源学院的支持。

限于作者水平，书中难免有不足之处，敬请读者不吝指教。

作　者

2020 年 10 月

目　　录

Contents

第1章 绪 论

1.1 三江源自然保护区与牧户生态保护行为[①]

1.1.1 三江源生态保护体制的历史演变

1.1.1.1 三江源省级与国家级自然保护区

2000 年 5 月获批成立的三江源自然保护区,位于青藏高原腹地、青海省南部,为长江、黄河和澜沧江的源头汇水区。地理位置为北纬 31°39'~36°16',东经 89°45'~102°23'。三江源自然保护区总面积 36.3 万 km^2,占青海省土地总面积的 50.26%,总人口 55.72 万,居民以藏族为主。

三江源自然保护区是中国面积最大的自然保护区,也是世界高海拔地区生物多样性最丰富集中的地区和生态最敏感的地区。三江源地区是长江、黄河和澜沧江三条大江的发源地,也是中国乃至南亚、东南亚地区重要的淡水资源供给地,有"中华水塔"的美誉。这里独特的高原生态环境造就了地球上独一无二、丰富多彩的生态系统。三江源地区保存了较高的生态系统原始性和完整性,是重要的高寒生物自然种质资源库和天然基因库,同时还保留了丰富的传统民族文化资源。

特殊的地理位置、丰富的自然资源和重要的生态功能,让三江源自然保护区成为我国重要的生态安全屏障。然而,三江源自然保护区独特而典型的高寒生态系统脆弱而敏感,一旦受到自然环境变化和人类活动的影响,这里的生态系统服务功能可能明显退化。

近几十年,受气候变化和人类活动的影响,三江源自然保护区生态环境整

---

① 本节部分内容来自《三江源草地生态保护中牧户的福利变化及补偿研究》(李惠梅,2017)。

体表现出严重的退化格局。其退化的具体表现如下（李惠梅，2017）。

1）该区域冰川、雪山逐年萎缩并直接影响高原湖泊和湿地的水源补给。近年来源区来水量逐年减少，黄河流域的形势更为严峻。水文观测资料表明，20世纪90年代，黄河上游连续7年出现枯水期，年平均径流量减少22.7%，1997年第一季度降到历史最低点，源头首次出现断流；源头的鄂陵湖和扎陵湖水位下降了近2 m，两湖间发生断流。源头来水量减少不仅制约了源区社会经济发展和农牧民的生产生活，而且影响中下游人民的生产生活。例如，黄河青海出境水量占到黄河总流量的49%，源头水量的持续减少致使下游断流频率不断提高，断流历时和河段不断延长，致使下游地区25万 km²、1亿多人口的生产生活发生严重困难。气候变化更使自然灾害发生的频率和受灾程度加剧，在牧区交通、通信等基础设施还很欠缺的情况下，防灾抗灾能力有限，一旦发生干旱、洪涝或雪灾，将给农牧民造成巨大的财产损失。

2）草场大规模退化、沙化并加剧。据调查，保护区所在的三江源区50%～60%的草地出现了不同程度的退化。1996年退化草场面积达250万 hm²，占三江源区可利用草场面积的17%。同20世纪50年代相比，单位面积产草量下降了30%～50%，毒草杂草增加了20%～30%。仅黄河源头80～90年代平均草场退化速率比70年代增加一倍以上。三江源区黑土滩面积已达119万 hm²，占三江源区总面积的4%，占可利用草场面积的7%，占青海全省黑土滩面积的80%。而沙化面积也已达253万 hm²，每年仍以5200 hm²的速度在扩大。荒漠化平均增加速率由70～80年代的3.9%增至80～90年代的20%。原生生态景观破碎化，植被演替呈高寒草甸→退化高寒草甸→荒漠化的逆向演替趋势。

3）水土流失日趋严重。三江源区是全国最严重的土壤风蚀、水蚀、冻融地区之一，受危害面积达1075万 hm²，占三江源区总面积的34%，其中极强度、强度和中度侵蚀面积达659万 hm²。黄河流域水土流失面积达754万 hm²，多年平均输沙量达8814万 t；长江流域水土流失面积达321万 hm²，多年平均输沙量达1303万 t；澜沧江流域水土流失面积达240万 hm²。水土流失既损失了土壤，加剧了生态环境的恶化，也对下游的河道、水利设施造成了一定的影响。

4）草地鼠害泛滥加剧草原退化。三江源区草地的退化使该地区草地生产力和土地的保育功能不断下降，优质牧草逐渐被毒草杂草所取代，野生动物栖息环境质量减退，栖息地逐渐破碎化，同时使生物多样性急剧下降，并且引起草地鼠害的泛滥、猖獗（三江源区发生鼠害面积约 503 万 hm²，占三江源区总面积的 17%，占可利用草地面积的 28%，高原鼠兔、鼢鼠、田鼠数量急剧增多；黄河源区有 50% 以上的黑土型退化草地由鼠害所致，严重地区有效鼠洞密度高达 1334 个/hm²，鼠兔密度高达 412 只/hm²）。这不仅影响了畜牧业的发展，而且导致了草地的进一步退化，可放牧草原资源逐渐减少。然而牧民只能通过增加牲畜数量以维持生活，这更深层次地加剧了草原退化，形成了退化—贫困—退化的恶性循环。

随着三江源区草地植被的退化与湿地生态系统的破坏，源头产水量逐年减少，水源涵养能力急剧减退，生态屏障作用和养育功能逐步丧失，三江（长江、黄河、澜沧江）中下游广大地区旱涝灾害频繁、工农业生产受到严重制约，并已直接威胁到长江、黄河乃至东南亚诸国的生态安全，三江源生态保护刻不容缓。

三江源自然保护区生态系统完整性和原始性关系到国家生态安全和中华民族的长远发展，其在全国生态文明建设中具有重要地位。1997 年，可可西里国家级自然保护区成立；2000 年 2 月 2 日，国家林业局《关于请尽快考虑建立青海三江源自然保护区的函》（林护自字［2000］31 号）下发青海省。青海省人民政府组织有关部门编写了青海三江源省级自然保护区规划初步意见。2000 年 3 月 21 日，国家林业局、中国科学院和青海省人民政府联合召开了"青海三江源自然保护区可行性研讨会"。会议认为，"中华水塔"面临着严重威胁，建立三江源自然保护区是西部大开发中生态环境建设的一大战略任务，不仅意义重大，而且刻不容缓。2000 年 5 月，三江源省级自然保护区获批建立。2000 年 8 月 19 日，三江源自然保护区纪念碑正式落成揭碑，它也标志着三江源自然保护区的正式成立。2001 年 8 月，国家级自然保护区评审委员会办公室派出专家组赴三江源地区进行了实地考察，依据考察成果，国家林业局调查规划设计院和三江源自然保护区管理局制定了三江源自然保护区 2001～2010 年的 10 年建设总体规划。2003 年 1 月，三江源自然保护区晋升为国家级自然保护区。该区域是长江、黄河、澜沧江三大河流的发源地，被誉为"中华水塔"，具有青藏高原生态系统和生物多样性的典型特点，是我国江河中下游地区和东南亚国家生态环境安全及区域可持续发展的重要生态屏障。该区域动植物区系和湿地生态系统独特，自然生态系统基本保持原始的状态，是青藏高原珍稀野生动植物的重要栖息地和生物种质资源库。

1.1.1.2 三江源国家生态保护综合试验区

2005 年 11 月 16 日，国务院第 181 次常务会议决定建立青海三江源国家生态保护综合试验区，并批准实施《青海三江源国家生态保护综合试验区总体方案》，希望从根本上遏制三江源地区生态功能退化趋势，探索建立有利于生态建设和环境保护的体制机制。试验区包括玉树、果洛、黄南、海南 4 个藏族自治州 21 个县和格尔木市唐古拉山镇。此后，国务院常务会议又批准了《青海三江源自然保护区生态保护和建设总体规划》（以下简称《一期规划》），标志着青海三江源的生态保护和建设进入新阶段。

《一期规划》主要包括如下几点：一是将试验区划分为重点保护区、一般保护区和承接转移发展区，实行分类指导。二要实施草原管护、草畜平衡等各项生态保护工程。三要提升集约化水平，发展生态型非农产业。四要加快推进游牧民定居和农村危房改造，提高社会保障水平。五要建立规范长效的生态补偿机制，加大中央财政转移支付力度。鼓励和引导个人、民间组织、社会团体积极支持和参与三江源生态保护公益活动。六要切实扭转片面追求经济增长速度的做法，实现人与自然和谐。

2011 年 11 月，我国在生态环境保护领域的第一个保护综合试验区——三江源国家生态保护综合试验区，在三江源地区正式建立，总面积为 39.5 平方千米。根据《一期规划》，三江源自然保护区根据退化严重程度划分为以下三种功能区域，并实施不同的草原保护与补偿措施。

1）天然草原退牧还草核心区：该区域核心区为 18 个，核心区草地面积为 3234.45 万亩①，涉及 7222 人。其中玉树、果洛两藏族自治州共有 15 个核心区，占两州草地总面积的 11.6%；牧户 1448 户，牧业人口 6515 人，分别约占两州人口总数的 2.8%、2.3%；牲畜存栏 13.6 万羊单位，约占两州牲畜存栏总数的 1.8%。该区域主要通过生态移民和长期禁牧封育措施达到减轻草原放牧压力并逐渐恢复草地生态的目的，采取了在县城或州府所在地进行安置的方式。在实施《一期规划》过程中共转化和安置移民 6515 人、1448 户。

对部分退化比较严重的区域和海拔较高、牧户生活较贫困的地区，采取"政府引导，牧民自愿"的原则进行大规模生态移民，主要指果洛藏族自治州（简

---

① 1 亩≈666.67m²。

称果洛州）的玛多县 4 乡（镇）、昌马河乡；玉树州的索加、曲麻河和麻多 3 乡，共 8 乡（镇）等。平均海拔在 4500 m 以上，为典型的高寒草原草场，草地退化以沙化为主，恢复治理难度大，且牧民生活难以维持，故采取了全面禁止放牧、全部生态移民并异地安置的方式。该区域草原总面积为 7843 万亩，占两州草原总面积的 28.6%；牧户 4326 户，牧业人口 21 164 人，分别占两州人口总数的 8.4%、7.5%；牲畜约 98.3 万头只，占两州牲畜总数的 13.01%。

该区域两种方式的移民安置，共移出 10 140 户，安置牧民 55 773 人，在乡（镇）、县或州府所在地的附近以"集中安置为主，插花安置为补充"的方式进行安置，按照永久性移民每户每年 8000 元、10 年禁牧期移民每户每年 6000 元进行补偿，将三江源自然保护区的 18 个核心区以及生态退化特别严重地区的牧民进行整体搬迁，目的是将三江源核心区变成"无人区"。

2）减畜禁牧区：该区域主要针对平均海拔在 4000 m 以上、草地本身生产力较高的典型高寒草甸草场。该类型草地退化面积大，黑土滩大多集中在此地区，最突出的矛盾是畜草矛盾，即过度放牧是区域草地退化的主要原因，因此减畜禁牧，禁牧 5 年以上以期恢复草地生产力。主要包括果洛州的优云、下大武、建设等 14 个乡（镇）；玉树州的上拉秀、隆宝、清水河等 16 个乡（镇），草原总面积为 10 401.26 万亩，占两州草原总面积的 37.9%；牧户 21 976 户，牧业人口 10.88 万人，分别占两州人口总数的 42.8%、38.44%；牲畜约 182.8 万头只，约占两州牲畜总数的 24.19%。

该区域围栏禁牧草地 5000 万亩，期望草地逐渐恢复，同时减畜 50% 以上，并建设定居房屋 2 万幢、两用暖棚 2 万幢，让牧户在冬季定居，并对牧户每年每亩补助饲料粮 2.75 kg，年补助饲料粮 13 750 万 kg。

3）季节性休牧和划区轮牧区：该区域海拔在 4000 m 以下，草场植被较好，人口相对稠密，在该区域以草定畜、划区轮牧，包括两州以上地区以外的 54 个乡（镇）。该区域草原总面积为 6020 万亩，占两州草地总面积的 21.9%；牧户 23 659 户，牧业人口 14.66 万人，分别占两州人口总数的 46.0%、51.8%；牲畜约 460.9 万头只，约占两州牲畜总数的 61%。

该区域共围栏禁牧草地 5000 万亩，并建设定居房屋 2 万幢、两用暖棚 2 万幢，对牧户每年每亩补助饲料粮 0.69 kg，年补助饲料粮 3450 万 kg，5 年共补助饲料粮 17 250 万 kg，开展舍饲及半舍饲畜牧业生产。

综上所述，前两种区域，牧户都被禁止放牧和作移民安置，而第三种区域采取了按照草地承载力大规模减少牲畜数量、限制放牧范围和放牧强度的思路，本书将前两种区域牧户统一作为移民进行研究，而将第三种作为限牧的牧户进行研究。

1.1.1.3　三江源国家公园体制试点

2013 年党的十八届三中全会通过《中共中央关于全面深化改革的若干重大问题的决定》，提出"建立国家公园体制"，并将其作为生态文明制度建设的重要内容。2015 年 1 月，国家公园体制试点领导小组成立，提出用三年时间在 9 个省（自治区），各选择一个区域开展国家公园体制试点，在地方探索实践基础上，构建我国国家公园体制的顶层设计，并印发了《建立国家公园体制试点方案》。《建立国家公园体制试点方案》强调，坚定不移实施主体功能区规划制度，划定生态保护红线，以实现重要自然生态资源国家所有、全民共享、世代传承为目标，在突出生态保护等方面进行探索。

2015 年 12 月，《中国三江源国家公园体制试点方案》正式确定在三江源地区开展国家公园体制试点，提出"一区三园"的构架，并提出要将其建成"青藏高原生态保护修复示范区，三江源共建共享、人与自然和谐共生的先行区及青藏高原大自然保护展示和生态文化传承区"，要求"既实现生态系统和文化自然遗产的完整有效保护，又为公众提供精神、科研、教育、游憩等公共服务功能"。2016 年 4 月，青海省召开省委常委会议部署三江源国家公园体制试点工作，提出将力争于 5 年内建成三江源国家公园。三江源国家公园由黄河源园区、长江源（可可西里）园区、澜沧江源园区组成，包括三江源国家级自然保护区的扎陵湖-鄂陵湖、星星海、索加-曲麻河、果宗木查和昂赛 5 个保护分区（含交叉重叠的国际重要湿地等保护地），规划区总面积 12.31 万平方千米（其中，冰川雪山 833.4 平方千米、湿地 29 842.8 平方千米、草地 86 832.2 平方千米、林地 495.2 平方千米），涉及 12 个乡镇，53 个村，17 211 户牧民。截至 2021 年，三江源国家公园体制试点将长江源格拉丹东和当曲、黄河源约古宗列区域纳入正式设立的三江源国家公园范围，规划区总面积由 12.31 万平方千米增加到 19.07 万平方千米，涉及果洛藏族自治州玛多县，玉树藏族自治州杂多、曲麻莱、治多 3 县和海西州格尔木市 5 县市 15 个乡（镇）。

经过 20 余年的宣传教育，生态保护意识已经根植于高原人民的心中。国家公园的建立，进一步强化对该区域实施更严格的生态保护，希望能更好地实现生态系统保护与修复，促进资源共建共享及人与自然和谐相处。三江源国家公园，作为我国第一个国家公园体制试点，从战略角度为三江源地区的生态保护和建设工作赋予了新内涵。三江源国家公园体制试点的建立，将整合各部门、各地区资源实施生态系统整体修复，以理顺三江源保护机制、提升保护科学性。同时更加注重相关农牧民生活的改善，通过合理利用现有生态资源打造一批可吸纳就业的旅游、有机农牧等绿色产业，让群众共享生态保护红利。

1.1.2　三江源牧户生态保护行为及生计能力研究的必要性

公众参与环境管理早已被公认为解决环境问题的关键举措。民族地区经济发展、环境保护和社会稳定的核心是在深层次把握和理解牧户在民族地区特有的宗教信仰及作为"理性经济人"追求利益最大化等博弈下的行为选择机制，并优化牧户的生计和生态补偿机制来改善牧户的福利水平，以努力促进和发挥民族地区最基本的行为决策者和活动主体（即牧户）参与生态环境保护的主动性。而民族地区的经济发展水平和文化水平比较落后，牧户因生计能力和生活习惯的制约以及生态环境知识的缺乏，对生态保护的行为响应基本上是在政府主导下的被动式服从，同时在生计能力的制约下难以实现生态保护的主动响应和参与，更无法谈及参与环境管理和通过博弈及谈判来维护权益，难以实现牧户的个体发展和区域的可持续发展。

近几十年，三江源自然保护区（藏族牧户聚居区）草场严重退化，使生态屏障作用和养育功能逐步丧失并直接威胁到西部生态安全，更危及当地严重依赖生态环境而生存的牧民的生计策略和福利水平，可能使牧户陷入贫困化。在生态退化的背景下，基于牧户生计和主动参与环境保护行为来缓解区域生态退化趋势和保障区域生态安全，分析民族聚居区牧户的生计策略和参与生态保护的行为选择的异同，探讨民族聚居区牧户的生计、能力及其行为选择的特殊逻辑性和影响因素，对缓解区域生态退化格局、实现牧户的幸福和民族地区社会安定及可持续发展意义重大。

1.2　牧户生态保护行为研究的不足

从牧户行业选择来看，无论是 Edwards（1954）的主流经济学的偏好一致性、理性经济人和效用最大化假设的行为选择理论，还是 Simon（1956）的有限理性（bounded rationality）理论、Tversky 和 Kahneman（1992）的前景理论（prospect theory）都不完全符合民族地区牧户的行为选择逻辑，亟待结合宗教信仰来理解行为选择机制。

从牧户对环境的响应来看，牧户对环境退化的认知和响应关系到区域的生态安全与生态经济的可持续发展（Brogaard and Zhao，2002），以及生态保护工作的有效性（Pires，2004）。国内该类研究缺乏对各影响因素的计量分析，也缺乏对民族地区特殊的行为选择的理论和经济分析，更未涉及个体行为响应与生计、能力和福利的研究。

从牧户的生计与生态保护响应来看，牧户的生计策略是自然资源管理与环境保护的切入点（芦清水和赵志平，2009；赵雪雁，2011），通过解决牧户的生计问题来提高牧户的经济收入，牧户才会有能力并产生响应政府的环境保护政策的意识，环境保护成本才能降低，政府的各类项目才能顺利开展（曹世雄等，2008，2009）。但目前尚缺乏生计与生态保护响应及其生态环境正向演替的实证分析、民族地区的生计能力的特殊性和制度设计研究。

从牧户的生计与减贫来看，贫困农村地区农户生计的多样化有利于促进实现农户生计的可持续性和减轻贫困的可能性（Allison and Horemans，2006），从而减少农户砍伐森林和开荒等土地利用行为并促进生态系统的恢复（Sunderlin et al.，2005；Rigg，2006）；也影响着当地的生态安全。但目前国内关于生计的研究较少关注民族地区牧户面临的更严重的生计脆弱性和风险问题，也缺乏对生计能力的考察和对生计策略及后果的综合探讨，较少涉及生计与贫困减弱和自然资源管理及参与保护等的综合应用研究。

1.3　研究意义、研究内容和研究方法

1.3.1　研究意义

本书针对草地生态退化背景下青海不同民族聚居区中牧户的生计能力和保护参与行为机理的异同性与特殊性等问题，用理性经济人理论分析牧户在宗教信仰影响的特殊逻辑下的保护行为及生计策略，综合探讨牧户的生计模式对牧户的保护行为和牧户的福利的影响，乃至对自然资源的深远影响，构建宗教本土化的、地域性的制度安排和发展对策，为民族地区生态经济可持续发展和青藏高原自然资源管理提供科学支撑。

在理论方面，澄清了民族地区牧户的经济人和道德人的经济伦理问题，完善了行为决策机理。综合运用行为经济学理论，结合能力分析、脆弱性和风险分析等弥补生计分析的片面性，丰富行为选择机制和生计策略框架的内涵与外延。建立了民族区域能力—生计—保护行为—福利和自然资源保护框架。

在实践应用方面，通过对有限理性或效益最大化理论、风险规避原则及少数民族牧户信仰的博弈分析，建立民族地区牧户的草地生态保护行为响应及影响因素分析模型。通过牧户的能力分析、脆弱性和福利损失风险分析评价，改进和完善可持续生计框架，确立牧户的生计优化—福利改善—草地恢复和保护的分析框架。关注牧民的生计策略和贫困风险，并通过不同民族聚居区牧户的生计策略和行为选择及贫困风险异同性的比较与归纳，为政府调控和管理民族地区可持续生态保护规划提供切实及强有力的决策依据、理论指导和技术支撑。

1.3.2　研究内容

本书以生态经济学、行为经济学、福利经济学等为理论基础，结合对民族聚居区——三江源牧户访谈数据，探究牧户在信仰-利益博弈下对生态环境退化、恢复及治理和生态保护的行为决策与影响因素差异性，理解牧户的生计、能力的特殊性及其面临的脆弱性和风险，并深层次探讨牧户的生计和行为选择对区域的环境、经济和发展的影响，构建民族聚居区草地生态保护调控技术与管理模式，为青藏高原生态经济社会可持续发展提供重要的科学依据。

1.3.2.1 主要研究内容

1）民族地区牧户行为选择逻辑：在生态退化及其导致福利受损和市场经济冲击下，民族地区牧户的生计策略和行为选择面临着利益最大化——遵从宗教和道德信仰的冲突，运用参与式调查法，结合相关分析法和数学统计法分析牧户的选择逻辑博弈、制度环境与牧户行为选择间的关联分析，提炼出牧户特有的选择逻辑。

2）牧户行为选择及比较：阐述和比较民族聚居区因不同制度环境、不同信仰及其影响程度，如何导致牧户的行为选择机理及其差异，探寻民族地区牧户生产生活经济活动、社会文化和资源利用中管理模式与对策的特殊性。

3）牧户的生计和能力评价：运用可持续生计框架和森的能力理论，分析和研究民族聚居区牧户在生态退化中的生计资本、生计脆弱性和生计风险，并结合牧户在生态退化保护中的能力变化以探讨牧户的生计状况和生计策略的根本原因，并探讨牧户的宗教信仰和道德信仰在环境管理和社会经济发展中的意义。

4）牧户的能力—生计—生态恢复保护行为框架研究：比较不同民族聚居区牧户的能力、生计和行为选择差异性，归纳并建立牧户的生计和计策及带来的牧户的福利结果与草地生态后果的分析框架，构建民族聚居区生态保护调控技术与管理模式。

1.3.2.2 研究重点

1）牧户行为选择博弈分析：在环境退化引起的收入下降、市场化和信息化的冲击下，准确地把握牧户的信仰-利益博弈下的行为决策逻辑。

2）牧户保护行为机理和生计策略研究：结合特殊的行为决策逻辑，通过生计的优化和能力的提高来调控生态保护与牧户收入提高的正向生计和行为决策后果，构建牧民主动参与生态保护的决策机制。

3）牧户的能力—生计—生态恢复保护行为框架研究：以生计和积极的信仰引导为切入点，建立民族地区的生态保护调控技术与管理模式。

1.3.2.3 研究技术路线

本书的技术路线如图 1-1 所示。

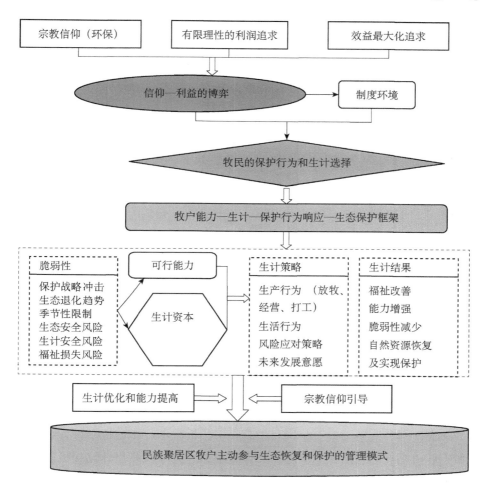

图1-1　民族聚居区牧户生态保护行为和生计能力研究技术路线

1.3.2.4　主要观点

1）民族聚居区牧户的行为选择和生计策略不是单纯地追求效益最大化，也不是完全的利他主义，而是信仰和利益博弈的结果。

2）牧户的能力受限制是牧户生计水平低下、生态退化、贫困的最根本原因。

3）尊重和引导牧户的宗教信仰，提高牧户的生计能力是实现生态保护管理的关键切入点。

1.3.2.5 研究特点

1）将牧户的宗教信仰和制度环境结合起来分析与理解民族地区牧户的行为选择和生计模式，并对不同聚居区牧户行为选择逻辑差异及特殊性进行比较和剖析。

2）尝试通过牧户的能力分析对牧户的生计策略（生态保护行为和过度放牧）、生计后果（生态恢复和保护、福利改善）和牧户的保护行为模式进行探讨。

3）通过民族聚居区牧户的生计—保护行为模式比较和归纳研究，构建民族地区宗教和生计途径的自然资源调控模式。

1.3.3 研究方法

本书综合运用福利经济学、资源经济学、行为经济学、计量经济学、公共经济理论、公共政策理论的原理和方法。

首先，本书采用了规范分析与实证分析相结合的方法。本书在行为经济学理论分析的基础上，探讨牧户的生计和行为选择机理；采用实证分析方法，以三江源为实证区域，分析研究区域牧户的生态退化认知及行为响应模型；并提出我国民族地区牧户的生计—保护行为研究属于规范分析的范畴。

其次，本书采用了模型分析和微观经济分析方法。本书运用行为经济学理论和假设模型设立牧户在生态退化与保护中的行为响应和生计选择机理模型；运用可持续生计框架和森的能力理论对牧户在草地生态退化中的生计状况与福利状况进行评价。

最后，本书采用了计量经济分析方法。本书运用 Probit、二元 Logistic、多分类 Logistic 等回归分析牧户生计和保护行为的主要影响因素，并分析牧户的生计、能力和牧户幸福感的相互影响。

第2章　相关理论及述评

2.1　农户理论

2.1.1　农牧户

农牧户是最基本的生产组织，也是农牧区社会生产和经济活动中最重要的决策单位，同时是社会关系交往和承担社会功能的基本单元，往往以家庭/户为单位，是以姻缘、互助和血缘关系为纽带的一起劳动与生活的社会组织（翁贞林，2008）。

农户的概念和内涵十分丰富，国内外很多学者都基于自己的研究视角给出了不同的定义。Chayanov（1986）认为农户可以被理解为家庭农场，因为农户从事农业生产都是依靠农户自己的劳动力而非通过雇佣关系使用他人的劳动力，同时，农户的产品主要满足家庭自身需求而不是获取经济效益或者追求最大利润。黄宗智（1986）将1949年前中国的小农户称作家庭农场。韩明谟（2001）认为农户就是指一般的农民家庭，是一个以姻缘和血缘关系为纽带的从事普通农业生产的基本组织。卜范达和韩喜平（2003）认为农户是我国农牧区最主要的社会经济生产和组织单位，主要依靠家庭劳动力从事农牧业生产，并对家庭拥有剩余控制权的、经济生活和家庭关系紧密结合的多功能的社会组织单位。

综上所述，农牧户是指居住、劳动和生活在农牧区，以血缘和婚姻为纽带的从事农牧业生产的家庭单元，他们为了自己生活和消费而劳动与生产农牧产品，其生产的产品很少作商业用途。随着我国社会经济的发展，农牧户的内涵发生了较大的变化。很多农牧户不仅仅主要从事农牧业生产经营活动，而且随着就业机会的增加、振兴农村和建设新农村的实施，农村的旅游经济及其农产品生产有了较为充足的发展，许多农牧户已经由单纯从事农牧业生产逐渐演化为从事非牧农业为主兼农牧业的兼业户。新时代的农牧户还有了更多的就业机会，也在选择上有了更大的自主权，有些农牧户甚至成为完全不从事农牧业的非农牧户。

2.1.2　经典理论

农户理论可按照发展历程分为小农学派、理性经济人决策和半无产化。

2.1.2.1　小农学派

苏联农业经济学家恰亚诺夫（A.V.Chayanov）在其《农民经济组织》中对20 世纪 20 年代苏联农民家庭经济组织内部运行机制进行分析，提出在商品化程度不高的背景下，小农会长期存在，最终形成组织与生产学派。该理论以边际主义的劳动-消费均衡理论为基础，认为家庭规模和家庭结构对农牧业经济行为有着重要的影响。农户以家庭为单元进行劳动生产以满足他们的日常生活需要，同时农牧产品既可以自己消费也可以交换其他消费品或出售。每个社区由许多的农户家庭单元组成，在一起劳动和生活，约定俗成地形成了一个社区的规范，且大家互相遵守。恰亚诺夫通过对苏联 30 年的农户生产行为和农业经济研究，表明农户的生产是自给自足的小农经济，主要为满足家庭需要而生产，是保守的、落后的、非理性的、低效率的，当家庭需要得到满足后就缺乏增加生产投入的动力。农户在其从事农业生产的过程中追求的是最低风险而非利益最大化，农户的选择取决于满足家庭需求和劳动辛苦程度之间的均衡，而不是通过成本和利润之间的比较追求效益最大化。Polanyi 等（1958）在恰亚诺夫的基础上，认为经济行为应该植根于当时特定的社会关系之中，应该把经济过程作为社会的制度过程来看待。Scott（1976）认为农户的生产行为是以追求安全为前提的小农经济生产，农户在生存的前提下宁可选择避免经济灾难，也不会冒险追求平均收益的最大化。这被小农学派的翁贞林（2008）认为是农户的生存逻辑。

2.1.2.2　理性经济人决策

舒尔茨（T.W.Schultz）在其著名的理性经济人理论中提出，农户的决策行为是符合经济学规律的。在市场中生产要素的配置行为同样符合帕累托最优原则，即便是传统农业经济中的农户也有效率，会通过合理使用和有效配置所掌握的资源，平衡各种生产要素的投资收益率，进而追求利润的最大化。传统农业的增长速度降低乃至停止往往是由非农户自身原因和市场体系的缺陷所引起的，或是边际收益递减导致的。改造传统农业的关键在于对农民进行人力资本的投资和引进现代生产技术以实现传统农业的改进。

Popkin（1979）在舒尔茨分析农户经济行为的基础上，进一步提出农民的理性是期望效用最大化，即据他们的偏好和价值观评估其行为选择的后果，然后做出使其期望效用最大化的选择。

2.1.2.3　半无产化

黄宗智（1992）认为小农经济的农户属于半无产化，农户家庭受到耕地规模的限制和生产习惯的影响，不能解雇家庭多余的劳动力，在边际收益降低的情况下，仍然选择继续投入劳动，导致劳动力过剩，同时限制了其他的就业机会，使得劳动投入的机会成本为零。他通过对我国农村农户及其经济行为进行研究，指出应该结合企业行为理论与消费者行为理论来分析小农家庭的动机与行为，农户的选择往往不是简单的利润最大化或效用最大化，既不完全是恰亚诺夫式的生计生产者，也不完全是舒尔茨意义上的利润最大化的追逐者。我国农户由于受到经济发展和工业化的影响，往往将剩余的劳动力用于发展副业，减少了在农业生产上的多余或过剩的劳动力人数。

2.1.3　农户理论的发展

以上三种农户理论有其产生的特定历史阶段，因而符合当时的生产经济状况。在上述农户理论的基础上，结合 Simon（1956）的有限理性假说和新制度经济学派的制度变迁理论，郑风田（2000）提出了小农经济的制度理性假说。

我国农村地域广阔，农民和农业问题一直是我国经济发展的主要问题，因此这些理论和经验对有些地区，尤其是偏远山区的农户仍然具有一定的借鉴意义。随着我国农村经济的蓬勃发展，新农村建设和乡村振兴计划正在如火如荼地进行，我国农户所面临的社会经济结构已经发生了很大的变化。因此，通过对各区域农户不同特点和决策行为的研究、归纳和总结，来解释农户行为，这对促进区域农村经济的发展是必要的。研究我国现阶段的农户行为应有独特的研究思路，尤其是对民族地区的农牧户行为的研究，更具有现实价值。

2.2 有限理性

2.2.1 经济人假设

亚当·斯密（Adam Smith）在《国富论》中提出了自利的经济人学说，认为经济人的行为是理性的，其决策机制是完全理性与最优化的。约翰·穆勒（John S. Mill）进一步明确区分了作为实体性描述的经济人和作为前提性假设的经济人。古典经济学家认为以最小的成本和付出获取最大的经济利益是作为一个经济人最基本的理性，即经济人的理性表现为利己的动机。新古典主义经济学在理性经济人建设的基础上，对经济人的行为进行了定性和定量分析，研究了经济人在完全市场中，充分竞争时才可能通过资源配置均衡实现利润和福利最大化。不论是个人还是企业，在生产和消费过程中，都是经济人，是功利的；作为一个完全理性的经济人，都应该以追求效益最大化为目标（张新生和陶翀，2007）。

2.2.2 有限理性理论

Simon（1956）在对完美经济人假设批判的基础上提出了有限理性理论，即人类的理性是有一定极限的。他认为在现实生活中很难实现完全理性，尤其是个体在决策时，由于认知能力的不足和缺陷，加上信息的不对称，往往不可能追求和实现最优，通常实现次优或满意的结果，即人们在决策时人的理性实际上是有限理性。

Simon（1956）的有限理性理论并非一味地追求效益的绝对最大化，而是希望获得效益的相对最大化，即在决策时，通常只追求选择的方案是较佳的或较优的。行为人在面对风险时的决策，往往出于风险厌恶而优先考虑风险最小而非经济利益最大。追求、调整最终实现一个令人满意的方案是有限理性经济人行为决策的目标（张新生和陶翀，2007）。

2.2.3 有限理性的评价

Simon（1956）认为最优决策理论因缺乏现实可行性而难以做到完全理性，他以心理学为媒介，将经济学与心理学结合起来研究问题，以"满意"为决策目标，以更加务实的态度面对人类在心理与组织上的限制，提出了替代最优决策模式的更有效的决策理论——有限理性的决策理论。然而，Simon（1956）的有限理性决策思想的形成经历了一定的阶段，但最终也没有形成一个比较完整的理论体系。一方面，他的很多思想观点分散在其著作当中，比较零碎而不成体系；另一方面，他在研究中更加重视经验检验，以及理论上的直觉和描述，论证方法带有很强的经验主义色彩。除此之外，Simon（1956）主要通过统计描述来对他的理论进行阐释，没有采用经验模型和工具，只是从心理学角度举例子描述其思想，缺乏实验论证，没有引入更加科学合理的实验技术，所以没有一个成体系的论证方法的支撑。加之，对于"满意"准则并没有一个确定的量化标准，最终他也就无法对传统经济学的完全理性假设进行特别强有力的回击。

2.3　期望效用理论

不确定性是指事件的发展有多种可能的结果，人们无法预料会出现哪种结果，即不确定性。由于不确定性的存在，决策者如何处理不确定性，进而提高决策的效果就显得十分重要。在日常生活和社会经济活动中，不确定性是一种常态，在不确定情况下的行为和经济决策远多过在确定情况下的行为和决策。

一般而言，不确定情况下的决策可以分为两种：如果人们仅仅知道可能会出现的结果有哪几种，但却不知道出现各种结果的概率有多大，这种情况下的决策被称为不确定性决策；如果人们不仅知道结果的类型，同时也了解出现各种结果的概率大小，这种情况下的决策被称为风险型决策。

期望效用理论（expected utility theory）是关于不确定性决策的规范理论。尼古拉斯·伯努利（Nicolas Bernoulli）在"圣彼得堡悖论"中描述了这样一个游戏：重复投掷一枚均匀的硬币直到出现头像为止，人们所获得的收益取决于他所投掷的次数。假定在第一次投掷中就出现了头像，那么获得 1 元；假定在第二次投掷中出现了头像，那么获得 2 元；假定在第 n 次投掷中出现了头像，则您愿意为参与这个游戏而支付的最大代价是多少呢？由此，这个游戏收益的预期收益是

$$\frac{1}{2} \times 1 + \frac{1}{2^2} \times 2 + \cdots + \left(\frac{1}{2^n} \times 2^{n-1}\right) + 期望 = +\infty$$

因此，如果人们根据预期收益来决策，那么人们愿意为这个游戏支付任意多的钱，但事实上，由于社会财富有限，参赌者无力支付无限大的金额，这个游戏不可能无限进行下去。此时，就不存在"圣彼得堡悖论"。这个悖论不仅证明了预期收益原则的无效性，也第一次将实验引入经济学的研究中。

值得注意的是，以上解释虽有一定道理，但它并没有回答为什么参赌者愿意付出 1 元来参加这个游戏。虽然长期以来人们对"道德期望"不理解，但直到期望效用概念的出现，人们才对"圣彼得堡悖论"有了更为深入的解释。1738 年，尼古拉斯·伯努利的堂兄丹尼尔·伯努利（Daniel Bernoulli）用期望效用解释了"圣彼得堡悖论"，他认为，人们因收到支付而获得的效用或"幸福感"不同于得到的支付数量，决策者真正关心的是期望效用。并且，他假设"效用源自财富的任何微小的增长，且与之前所拥有的商品数量呈反比例关系"。或者说，个人拥有财富越多，财富增加所产生的效用（边际效用）增加就越少。

后来，冯·诺依曼（von Neumann）和摩根斯坦（Morgenstern）在 1947 年提出了期望效用函数，即 VNM 效用函数，如果用 U_i 表示支付 x_i 所产生的效用，则期望效用 $V = E[U(x)] = \sum_{i=1}^{n} p_i U_i(x_i)$，以此对赌局进行评价，将其发展成了较为完整的公理体系。

期望效用函数模型指出，期望效用函数的无差异曲线的斜率越大则风险规避程度越高，斜率越小则风险规避程度越低；不确定条件下最终决策后果的效用水平是通过决策主体对各种可能出现的结果的加权评估后形成的，理性的决策者追求的是加权评估后实现期望效用的最大化，而不是利润的最大化。

Savage 提出了主观期望效用（subjective expected utility，SEU）理论，即个体决策者选择风险决策预定方案的过程符合效用理论，个体最终会选择期望效用值最大的那个预定方案。到 20 世纪 60 年代，肯尼斯·阿罗（Kenneth J. Arrow）和普拉特（Pratt）分别在这个方面进行了卓有成效的研究，使得期望效用理论成为个人决策理论的经典，并已被广泛应用到决策分析中。自冯·诺伊曼和摩根斯坦的经典著作《博弈论和经济行为》问世以来，期望效用理论一直被奉为经济人在不确定情况下进行决策的准则，他们在期望效用理论的基础上，建立起了资本资产定价模型、有效市场等一系列经济理论。

2.3.1 效用损失、风险态度、损失厌恶

2.3.1.1 效用损失

资产的有用性下降，导致价值也下降。效用损失（loss of utility）是资产减值的原因。例如，由于永久性下降而将证券投资从成本减少到市值。从理论上讲，当一项资产的未来现金流量的现值少于它的历史成本时，该资产就应当进行减值。

"效用损失"主要出现在人们收入水平提高速度较快的时候，造成"效用损失"的原因主要是人们的"期望效用"小于实际"可获得效用"。当人们收入较少时，人们的"期望效用"往往大于实际的"可获得效用"。这时，人们不得不力求节省，放弃对一些次要效用的需要，才能保证满足对主要效用的需要，这时不容易有"效用损失"。而当人们收入有了较大幅度提高，实际"可获得效用"也大幅度提高时，人们有时未能及时调整自己的"期望效用"，仍然遵从过去的消费原则，就会使"期望效用"小于"可获得效用"，因而造成"效用损失"。

2.3.1.2 风险态度

存在风险时，人们的选择行为取决于决策者对待风险的态度或偏好程度。可以用概率来统计和描述不确定性，也可以用决策结果空间上效用函数的大小和特征来研究决策主体对待风险的态度，还可以用比较期望效用值和收入的数学期望值差异来说明决策者对待风险的态度，如属于风险厌恶（risk aversion）、风险寻求（risk seeking）和风险中性（risk neutral）。决策主体的选择会影响收入和效用，对风险偏好程度的衡量可以依据决策者对导致效用变化的选择的态度来衡量。

（1）风险厌恶

假定决策者在无风险条件下所能获得的确定性收入与其在有风险条件下所能获得的期望收入相等，如果决策者获得确定性收入的效用高于有风险条件下所能获得同样期望收入的效用，或者说他更愿意选择确定性收入，则该决策者属于风险厌恶型，也称作风险规避者。风险厌恶下的效用函数是凹函数，即其收入-效用关系曲线是凹向原点的。对于风险厌恶者来说，货币收入所提供的总

效用是以递减的速率增加的，即边际效用递减。

例如，在图 2-1 中，A 点的效用为 $U[pX_1+(1-p)X_2]$，p 为 0～1 的常数；B 点的效用为 $pU(X_1)+(1-p)U(X_2)$，其中 $U[pX_1+(1-p)X_2] > pU(X_1)+(1-p)U(X_2)$（凹性函数的特征）。

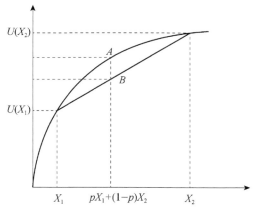

图 2-1　风险厌恶下的效用曲线

风险贴水或风险溢价是风险厌恶者为规避风险而愿意付出的与得到同样效用所必需的预期收入之间的差额。

（2）风险寻求

假定决策者在无风险条件下所能获得的确定性收入与其在有风险条件下所能获得的期望收入相等，如果决策者对于有风险条件下期望收入的效用大于对于确定性收入的效用，则该决策者属于风险喜好者，也称作风险寻求者。风险寻求下的效用函数是凸函数，即其收入-效用曲线是凸向原点的。对于风险寻求者来说，货币收入所提供的总效用是以递增的速率增加的，即边际效用递增。

例如，在图 2-2 中，A 点的效用为 $U[pX_1+(1-p)X_2]$，p 为 0～1 的常数；B 点的效用为 $pU(X_1)+(1-p)U(X_2)$，其中 $U[pX_1+(1-p)X_2] < pU(X_1)+(1-p)U(X_2)$（凸性函数的特征）。

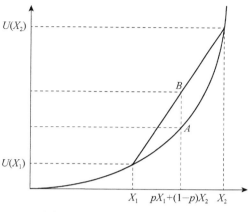

图2-2　风险寻求下的效用曲线

（3）风险中性

假定决策者在无风险条件下所能获得的确定性收入与其在有风险条件下的等值的期望收入所获得的效用是相同的，则该决策者属于风险中性者。风险中性者的效用曲线是一条从原点出发的射线，该效用曲线的斜率，即边际效用是既定不变的。对于风险中性者来说，货币收入所提供的总效用是以不变的速率增加的，即边际效用不变。

例如，在图 2-3 中，$U[pX_1 + (1-p)X_2] = pU(X_1) + (1-p)U(X_2)$。

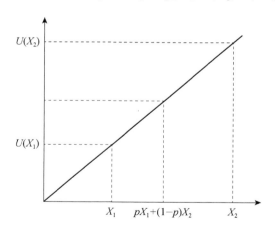

图2-3　风险中性下的效用曲线

2.3.1.3　损失厌恶

预期效用理论的公理化假设的前提是，人们是风险厌恶的，但心理学实验结果表明，人们并非总是风险厌恶者。个体行为决策者会倾向于躲避和厌恶损失，只是对损失的感受比收益更敏感而已，而并非厌恶不确定性。个体在面对收益和损失的决策时表现出不对称性，尤其是接受意愿（willingness to accept，WTA）与支付意愿不对等时，损失带来的负效用为等量收益的正效用的 2.5 倍，损失会使个体产生更大的情绪波动，即损失厌恶。损失厌恶表现为个体的风险偏好并非一致，当涉及的是收益时表现为风险厌恶；当涉及的是损失时则表现为风险寻求。

损失厌恶的心理表现是禀赋效应，即放弃或失去个体所拥有的物品而感受的痛苦远远大于获得原本不属于他的物品所带来的喜悦。禀赋效应通常与损失厌恶相关联，因盈利的诱惑力不足以抵消对损失的厌恶感时，决策者往往会更偏爱维持现状的决策。

损失厌恶更是短视的损失厌恶，决策者往往不愿意承受短期损失，这种现象被称为短视的损失厌恶。短视的损失厌恶是建立在两个概念之上的：①决策者是损失厌恶的，即决策者倾向于把损失看得要重一些，损失带来的受伤害的感受是收益带来的良好感受的 1 倍多；②决策者是短视的，也会经常性地评价他们的投资组合，即使长期投资的决策者也要顾虑短期的收益和损失。这样，短视的损失厌恶可能导致人们在其长期的资产配置中过于保守。

2.3.2　前景理论：风险或不确定性下的决策

Tversky 和 Kahneman（1992）通过许多违反期望效用理论的心理观察和实验，在风险决策分析（an analysis of decision under risk）的基础上提出了前景理论，研究方法也由心理学发展为实验经济学。

2.3.2.1　个人风险决策

个体的行为选择经常依赖于对既往选择结果的记忆，即当前的决策效用受以往效用体验的影响，也就是当前的幸福感程度会影响到未来的选择。决策者将对以往的前景进行评估，进而选择具有较高价值的前景。前景理论解释了很多预期效用无法解释的现象，个体会衡量前景及其实现的概率，通过概率来判断和进行选择决策，即个体在前景确定时发生的最小收益或损失的概率与在不确定或风险下的损失概率总和。

2.3.2.2 两个重要函数：价值函数和权重函数

前景理论包含了价值函数 $v(x)$ 和权重函数 $\pi(p)$。价值函数将前景结果转换为主观价值；权重函数由概率决定的权重来判断。

1）价值函数 $v(x)$：是前景理论用来表示效用的概念，它与传统的标准效用函数的区别在于它不再是财富的函数，而是收益或损失的函数，或者说主观价值的载体是财富的变化而非最终状态，并且这种变化依赖相对于参考点的偏离程度。这一假设是前景理论的核心。Tversky 和 Kahneman（1992）提出了价值函数与决策权重的模型，以替代期望效用和主观概率。

价值函数 V 定义为

$$V = \sum_{i=1}^{n} \pi(p_i)v(x_i)$$

式中，$v(x)$ 为决策者主观感受所形成的价值，它不是一个绝对值，而是围绕前景参考点的收益损失变化的范围；$\pi(p)$ 为决策权重，它是一种概率评价性的单调增函数。$v(x)$ 为 S 形的函数。在面对收益时是凹函数，即决策者处于收益状态时是风险规避的；在面对损失时是凸函数，即决策者处于损失状态时是风险偏好的。在价值函数曲线上，如图 2-4 所示，收益变化的斜率小于损失变化的斜率，价值函数呈 S 形并在参考点（O 点）处最为陡峭，参考点之上为凹函数，参考点之下为凸函数。

2）权重函数 $\pi(p)$：体现前景中具体事件发生概率对整体价值的影响，即主观概率或感受，个体往往高估极低概率事件[此时 $\pi(p) < p$]，对一般概率事件通常低估 $\pi(p)$。首先，权重函数是概率 p 的增函数，即事件发生的概率越大，对于总价值的影响就越显著。其次，权重函数具有亚确定性，除了某些发生概率极低的时间以外，权重函数的数值比概率低，即 $\pi(p) < p$。最后，权重函数具有次可加性，在低概率区域权重函数是次可加性函数，即 $p < \pi(p)$（图 2-5）。

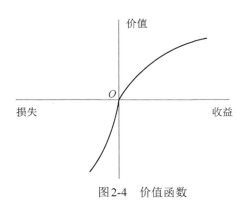

图 2-4　价值函数

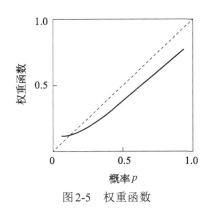

图 2-5　权重函数

2.4　能力-自由-发展

从 20 世纪 70 年代开始，学界出现了不同于旧福利经济学提倡的物质利益、财富、经济增长、效率以及收入均等化的福利内涵。阿马蒂亚·森提出以自由为目的、以发展为手段的福利理论，其更关注个体的可行能力，即个体享有生存、发展的能力的权利和自由，森认为福利是一个人选择的实质自由，更是可行能力。

2.4.1　能力

2.4.1.1　可行能力

个体的福利是其可行能力的函数，是个体有可能实现的、各种可能的功能性活动组合。可行能力包括两个核心概念："功能性"（functioning）活动和"能力"（capability）。在关注理性主体的选择能力和实际机会中，个体实现功能性活动的集合即可行能力，表现为他能选择过某种生活的自由和机会，森将之分别称为"福祉成就"和"福祉自由"。

森用功能性活动定义了福利内涵，即生活由一组相互联系的"功能性活动"（教育和就业机会、社区参与和自我实现等），或者说生活状态和各种活动构成。一个人的福利可以根据他的生活质量（也可以说生活得好）来评价。森认为生活是各种"行为"（doing）和"状态"（being）的组合，福利或生活质量也应根据可行能力达到的、获得有价值的功能性活动的能力来评估。

可行能力是一个功能矢量，不仅是发挥的功能，更是机会和选择的可行性。

2.4.1.2　生活质量

人类生活质量本身是一个非常复杂的问题。此处使用能力方法，将人类生活看作一系列的"doings and beings"，我们称之为功能，它涉及生活质量的评估进而涉及对功能和能力评估（Sen，1993）。此方法的基础可以追溯到马克思、亚当·斯密和亚里士多德。在政治分配的问题调查中，亚里士多德进行了广泛的"生活质量"的分析，并且在"功能"中进行检验和探索（Sen，1999）。生活质量与有价值的活动以及实现这些活动的能力有关的主张具有更广泛的意义和应用，亚当·斯密和马克思明确地讨论了功能的重要性与发挥功能的能力是福祉的决定因素（Sen，1999）。马克思的方法与亚里士多德分析的问题密切相关，马克思认为人类所完成的活动是人类意识到其存在的内在的需要。

我们比较与基本需求和生活质量潜在相关的基本特性，发现传统的方法运用福利经济和道德哲学，如功利主义的信息化基础不扎实。正是在这种背景下，可行能力方法的优点越来越明晰，生活质量被看作各种功能和能力的组合，将分析人类自由作为生活的最中心的特征。

关于基本需求如何被明确说明，经历了一定的争议。许多文献通常将物质需求定义为基本需求，商品的效用往往被商品转换为能力的差异所影响，如食品、营养要求的能力，由于代谢、身高、性别、怀孕、年龄、气候、寄生疾病等原因，个体之间具有极大的差异（Sen，1985）。

2.4.2　可行能力与自由

Sen（1999）在《以自由看待发展》中指出：一个人的可行能力指的是此人有可能实现的、各种可能的功能性活动的组合。可行能力因此是一种自由，是实现各种可能的功能性活动组合的实质自由（或者用日常语言说，就是实现各种不同生活方式的自由）。

2.4.2.1　自由

森在他的理论研究中进一步阐述了对经济发展和民众福利起直接作用的五

种工具性自由：一是政治自由，即个人所能分配到的政治资源；二是经济自由，即利用经济资源的机会与便利性；三是社会机会，直接影响着个人有多大的自由度去选择更好的生活方式；四是透明性担保，即人们在社会交往中所需要的信用；五是防护性保障，即为消除最严重的贫困而建立的社会安全网。

2.4.2.2　自由与可行能力

可行能力的终极目标是自由。自由不仅具有目的价值，同时具有工具价值，是可行能力的条件。人获得和发挥可行能力就是要实现自由的目的。

能力是物品、特征、功能与效用环节上的决定因素，通过人的可行能力才能把物品潜在的价值发挥出来，转化为实际的价值。人的可行能力的大小，导致了物品利用功能上的差异，人被剥夺了权利就会丧失可行能力。保证和提高人的可行能力是改善生活的根本途径。生活的不平等，根源在于人具有的能力的不同，故可行能力是获得自由的一个必要条件。

能力是个体实现各种功能组合的自由的前提。如果自由在本质上是重要的，那么个体可以选择有选择性的（替代）组合被认为具有选择优势，即使他（她）最终只会选择一个。因此，选择本身是一个人的生活中有价值的特征。另外，如果自由被看作唯一的重要工具，能力集的意义只在于这样一个事实：它提供给人以实现各种价值的机会。只有实现的状态本身是有价值的，而不是机会（它的价值只意味着最终达到有价值的状态）。能力集是有价值的，仅仅是为了获取最佳的、有选择余地的、能够实现的选择（或实际上的有选择性的选择）。这种评估能力集的方法被称为基本评估，基本评估是不够的，因为选择其他替代的（可以选择的、有选择性）的机会本身是重要的。由于我们的直接观察导致了被选择和实现，对于哪一个选择将被选中，这种估计本身更困难（包括实际的、实际面临的约束的假设等）。实际计算受数据的限制，很难完全被能力集描述，与通过功能的实现而对能力集的判断形成对照。在这种简化形式的自由（the instrumental view）运用能力方法不涉及真的损失。事实上，无论是形式自由还是实质自由很可能都是不恰当的。自由是一种实现手段，无论它是形式自由还是实质自由都必须使用能力的方法呈现。即使我们发现一般形式自由是相当恰当的，显然也是在极其有限的情况下。例如，斋戒的人很难与由于贫穷而别无选择只能挨饿被视为同样被剥夺作为的人，虽然观察到的功能（至少原始呈现的功能）是一样的，但他们的境况是不一样的。实际上即使能力方法被用在选择功能的组合上，仍将需要重视所享有的自由是明确的，并和切身利益有关。

2.4.2.3 自由与平等

个体能力的核心是自由和平等，即为个体的基本生存和正常发展提供最基本的保证。自由的重要内容：首先，保护个体的自主性。任何人的行为只有涉及他人才需对社会负责。仅涉及本人的那部分，他的独立性在权利上则是绝对的。对于个体自己的身和心，个体乃是最高主权者。其次，尊重个体的差异性。最后，通过自由来促进和发展平等。森则认为重视可行能力就是重视自由。

2.4.3 发展

发展就是提高人们的能力、扩大人们所享有的实质自由的过程，它与社会的制度安排密切相关（Sen，1993）。发展包含拓展人们的能力以及这种能力如何在社会及家庭中产生更大的福利。

森通过关注贫困与饥荒问题关注人的权利和能力的提高，认为更应该关注收入（Sara，2001）、居住（Rachel，2002）等功能的改善。

发展不仅仅是国内生产总值的增长，更应该是自由的增长。发展是能力的扩展，康德提出把人类本身作为终极目标的必要性，这个原则在许多背景，甚至在分析贫困、发展和规划时体现出重要性。人类本身是受益者、发展的评判者，但他们也恰好是直接或间接地所有生产的提供者。这种双重角色为混淆规划的目的和手段、决策提供了温床，致使人类经常把关注生产和繁荣作为进步的本质，把人类当作生产力进步的工具，而不是把人类当作终极关怀以及把生产和繁荣当作人类生活的手段。可见将经济增长作为发展是一直以来的谬误，区分发展和增长尤其是在评估和经济发展规划中更为关键。

经济理性以个体理性为基础，有效地利用资源来达到目标（Sen，1982a）。可行能力主张弱势群体的实质自由和功能性活动得到切实保障是最大的经济正义（Sen，1982b）。更好的教育和医疗保健不仅能直接改善生活质量，也能提高获取收入并摆脱贫困的可行能力。教育和医疗保健越普及，越有可能使那些本来贫困的人得到更好的机会去摆脱贫困。制度设计与制度改革应着重拓展人们的能力和自由，体现以人为本、尊重个体（王艳萍和潘建伟，2010），是森的理论的进一步升华。

第3章　三江源草地生态环境退化及其响应[①]

3.1　概述

在全球气候变暖的背景下,近百年来中国年地表平均气温明显增加。近50
年气候变暖尤其明显,极端气候事件频率和强度出现了明显变化,极端气候事
件趋强。三江源草地(李惠梅和张安录,2014)及其青海湖区域(李惠梅等,
2012)的生态环境变化对气候变化的响应也日益重要。蔡运龙(1996)研究指
出全球变暖对不同温度地区作物产量有着差异性的影响; IPCC(1992)报告进
一步指出全球气候变化将对生态系统初级生产力产生不利影响,尤其是那些生
态环境脆弱的地区,因其适应和自我恢复能力差,使不利影响加剧。三江源自
然保护区是全球气候变化的敏感区和生态环境极脆弱区,区域农牧业生产和经
济发展对该区域的气候条件有着极高的依赖性。因此,分析三江源气候变化规
律及趋势,揭示气候变化对三江源气候生产力的影响,不仅对该区域的农业生
产及发展具有重大意义,也对合理保护该区域的生态环境和促进畜牧业的可持
续发展有着重要的现实意义,乃至对全国的生态安全有着不可估量的意义,可
为三江源的生态建设及可持续发展的决策制定提供科学依据和支撑。

某一地区的植物气候生产力主要取决于该区域的光、热和水条件,植物气
候生产力研究对于当前评价全球气候变化对生态系统的影响和制定相应对策具
有重要的理论与现实意义。国内关于不同区域气候变化及对草地气候生产力的
影响研究已有较多报道,如曹立国等(2010)研究了锡林郭勒盟天然草场植物
气候生产力及空间差异;姚玉璧等(2004)分析了甘南天然草场植物气候生产

---

① 本章内容来自课题组阶段性成果《三江源草地气候生产力对气候变化的响应》(李惠梅和张安录,
2014)。

力和青藏高原东北部天然草场植物气候生产力的情况；郭连云等（2008）对三江源兴海县草地气候生产力进行了研究；孙建光和李保国（2005）对青海共和盆地草地气候生产力进行了评价。本章应用以气温和降水影响为基础的 Thornthwaite Memorial 模型（李惠梅等，2012），分析了三江源天然草场植物气候生产力的时空分布特征，得出的部分结论对三江源充分利用气候资源、合理保护天然草场和改善三江源的生态有很好的实际意义。

3.2 数据来源与方法

三江源地处青藏高原腹地、青海省南部，是我国长江、黄河和国际河流澜沧江发源地，海拔 3450~6621 m，行政区域辖玉树（曲麻莱县、治多县、称多县、杂多县、玉树县[①]、囊谦县）、果洛（玛多县、玛沁县、甘德县、达日县、久治县、班玛县）两个州全境以及海南州的兴海和同德两县；黄南州的泽库县、河南蒙古族自治县（简称河南县）和被称为"生命禁区"的格尔木市唐古拉山镇，总面积达 $36.3×10^4$ m²，占青海省总面积的 50.3%。三江源内主要生态系统类型为占 65.4% 的高寒草甸草原和 20.2% 的湿地，属高寒气候，地表风化强烈、土层薄、质地粗，气候寒冷、植物生长期短，自身的调节能力很弱，恢复能力极差，生态系统极为脆弱和敏感。受全球气候变化和暖干化趋势、放牧的压力及鼠害的影响和经济发展等综合作用影响，该区域草地覆盖度退化明显，"黑土滩"现象随处可见；大多数冰川呈退缩状态，湿地萎缩明显，荒漠化和沙漠化趋势明显，严重影响了三江源的生态平衡和当地生态经济的可持续发展，进而危及我国长江中下游乃至全国的生态安全。

3.2.1 数据来源

本书选用三江源流域的河南站、甘德站、同德站、玉树站、曲麻莱站、五道梁站（治多县）和玛多站 7 个气象站点近 9 年的气象资料，选择各气象站点 2002 年、2005 年、2008 年和 2010 年的平均气温、降水量和太阳总辐射，分析了三江源主要站点的降水和气温的变化，并在此基础上探讨了三江源天然草场

---

① 玉树县在 2013 年经国务院批准，撤销玉树县，设立县级玉树市。

植物气候生产力的时空变化及其差异。考虑到三江源植被生长季为 4～10 月，故本书选用 4～10 月的气候数据平均值进行计算。同时以 7 个气象站点数据的平均值代表三江源的气象数据及其气候生产力。

3.2.2　Thornthwaite Memorial 模型

以气候变暖为主要特征的气候变化会进一步加重暖干化趋势，并引起草地生产力的下降（李镇清等，2003）；徐兴奎和陈红（2008）研究表明，气温的升高使植被生长增加，但同时若降水不足，则可能导致植被覆盖退化。因此，本书选取了气温和降水两个因子来呈现气候环境，运用计算简便且可以明确表达气候变化对净初级生产力（net primary productivity，NPP）影响的 Thornthwaite Memorial 模型来计算三江源的气候生产力。

净初级生产力 NPP(E)由式（3-1）～式（3-3）计算得到：

$$\text{NPP}(E)=3000[1-e^{-0.0009695\,(E-20)}] \tag{3-1}$$

式中，NPP(E)为实际蒸散量计算得到的植物净初级生产力[g/（m²·a）]；e 为自然对数；3000 为地球自然植物在每年每平方米上的最高干物质产量（g）；E 为年平均实际蒸散量（mm），可用 Ture 公式计算，即

$$E=1.05R/(1+1.05R/L)^2 \tag{3-2}$$

其中，R 为平均降水量（mm）；L 为平均最大蒸散量，它是平均气温（t，℃）的函数，用式（3-3）计算：

$$L=300+25t+0.05t^2 \tag{3-3}$$

当 $R/L>0.316$ 时，式（3-3）适用；当 $R/L\leqslant0.316$ 时，取 $E=R$。通过式（3-1）～式（3-3）计算的植物净初级生产力均为植物所有的干物质重量，包括植物地上和地下部分的总和。本书通过计算，$R/L<0.316$，用降水量代表平均实际蒸散量。李惠梅（2010）对三江源气候生产力进行了研究，结果表明，三江源气候生产力与海拔成反比，海拔每上升 100 m，气候生产力降低 120～142.5 g/m²，水分是三江源天然牧草气候生产力的重要制约因素之一。可见，本书以降水和气温来估算三江源的 NPP 是科学合理的。

3.3 三江源区气候变化趋势

李惠梅（2010）对三江源进行了研究，结果表明，1972～2003 年三江源的气温呈现出上升的趋势，并且 20 世纪 70 年代、80 年代、90 年代的上升幅度明显递增；降水主要集中在 5～9 月，降水分布极度不均衡，三江源降水呈现出减少的趋势。三江源 2002～2010 年的年平均气温为 4.18 ℃，其中 2004 年的年平均气温最低，只有 3.94 ℃，2010 年的年平均气温最高，达到了 4.56 ℃，如图 3-1 所示。

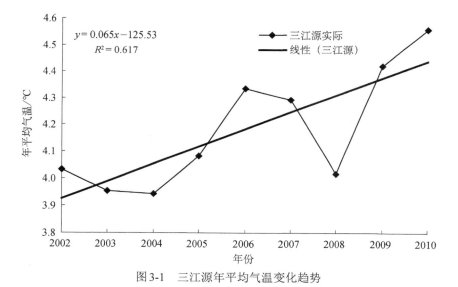

图 3-1　三江源年平均气温变化趋势

图 3-1 表明，三江源气温在时间上的变化趋势存在着一定的差异，2002～2004 年气温呈现出略微下降的趋势，2004 年后气温逐年增加，2010 年比 2002 年上升了 0.529 ℃，总体上呈现出略微增加的趋势。从图 3-1 的气温变化趋势模拟可以看出，在未来的几年内，三江源气温将会呈现出直线升高的趋势；斜率为 0.065，说明三江源年平均气温以 0.065 ℃的速度上升，远远大于全国的增温速度（0.004 ℃/a）。图 3-1 也揭示出，在未来的一段时间内，全球气候变暖对三江源草地的生态环境的影响仍将存在，采取相应的应对措施以减少损失和保护生态环境是必要的。

2002～2010 年三江源年平均降水量为 421.26 mm，其中 2006 年的年平均降水量最低，为 361.93 mm，2009 年的年平均降水量最高，达 487.956 mm，三江源年平均降水量极不稳定，如图 3-2 所示。其中，2002～2005 年年平均降水量波动上升，2006 年年平均降水量陡然下降，2006～2009 年呈现出快速增加的趋势，但 2010 年又急速下降；2002～2010 年三江源年平均降水量总体上增加了 75.00 mm；三江源年平均降水量呈现出直线增加的趋势，斜率为正，与三江源 20 世纪 90 年代之前的降水量逐年下降和干旱化的研究结果并不完全相同，但与秦大河（2002）预测的未来 50 年我国北方可能呈暖湿型变化的结果吻合，与郭连云等（2008）对三江源兴海县的研究结果基本一致。我们初步可以认为，三江源气候在 2000 年后呈现出变暖、变湿的趋势，但本书研究的时间段较短，还需长期的数据进行验证。

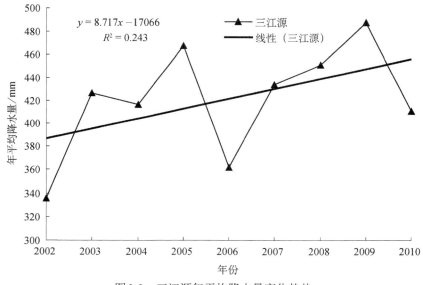

图 3-2   三江源年平均降水量变化趋势

3.4   三江源草地 NPP 时空变化

由于受气候暖干化趋势的全球变化影响，三江源草地生态退化已成不争的事实。植被净初级生产力是衡量植被的覆盖度及生物量对气候变化响应的主要指标，而三江源高寒草地生产力受气候的制约更为明显，如李英年等（2000）开展的高寒草地生物量对气候变化的响应研究结果表明，在降水量无明显增加时，气温升高往往使草地生物量减少，而气温和降水量同时增加有利于牧草的生长，使草地生物量增加，即气候变暖时，降水是高寒草地生物量的限制因素。在生态保护过程中，如果草地的环境变好，即覆盖度增加和生物量增加，则往往会起到对局部气候的调节作用。因此，本书以气温和降水因子来模拟三江源净初级生产力状况，以检验气候变化中的草地生态环境状况。

用 Thornthwaite Memorial 模型对三江源 7 个气象站点进行净初级生产力的计算。结果表明，三江源 2002~2010 年的平均 NPP 为 481.435 g/m^2，比李惠梅（2010）对河南站、甘德站、同德站、玉树站、曲麻莱站、五道梁站和玛多站 7 个气象站点的 1971~2003 年的气象资料拟合的 NPP 平均值（225 g/m^2）要高。

但本书与李惠梅（2010）计算 NPP 的模型不同，故无法直接进行绝对数值的对比，只能从变化趋势等方面加以对比。虽然用 Thornthwaite Memorial 模型计算的 NPP 为理想值，对高海拔的三江源高寒草甸、草原而言，模拟值明显偏高；另外，三江源常年平均气温低（累计平均值为-1.12 ℃左右，牧草生长计算是按照 0 ℃以上的植物光合作用积温总和来计算）、植物生产期短（100 天左右）、植株矮、土层薄等原因使三江源草地生产能力不高，且本书采用 Thornthwaite Memorial 模型计算时并未考虑植物生长的 Logistic 趋势，可能使该模型计算的 NPP 偏高。但数据整体上比较接近，比较符合三江源草地近几年的生态环境质量及其生产力状况，说明本书计算数据及其分析的结果可以用来解决一些科学问题，仍然能够通过近 9 年的 NPP 变化反映出三江源草地的生产力情况，也可以从一定层面反映出三江源生态保护战略实施以来草地的恢复效果。

3.4.1 三江源草地 NPP 时间变化趋势

三江源草地 NPP 在时间上有着一定的变化趋势及发展规律，如图 3-3 所示。

从图 3-3 可以看出，2002~2010 年三江源草地 NPP 总体上呈现出略微增加的趋势，2010 年草地 NPP 为 497.923g/m^2，与 2002 年草地 NPP 477.539g/m^2 相比较，增加了 4.27%。但 2002~2010 年三江源草地 NPP 分布极度不均衡，在 2005 年和 2008 年分别有两次明显的下降，下降幅度分别达 0.837%和 3.14%；而在 2006 年有一次明显的升高，与 2005 年相比较，增加幅度为 3.279%；2008~2010 年三江源草地 NPP 呈现出逐渐增加的趋势，增加幅度达 4.89%。

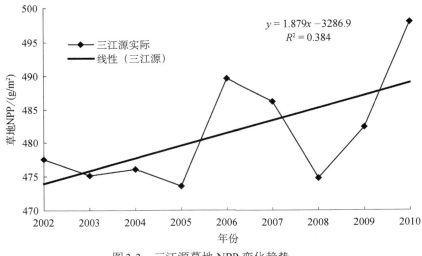

图 3-3   三江源草地 NPP 变化趋势

本书对三江源草地 NPP 进行线性模拟，虽然显著性程度不高，但仍然能看出三江源草地 NPP 呈现出直线增加的趋势。一般情况下，在水分不受限制的情况下，气温升高时有利于牧草的生长，而气温升高时水分亏缺将对植物生长不利，即三江源草地 NPP 表现出微弱的增加趋势，是暖湿型气候变化的结果；郭连云等（2008）研究指出暖湿型气候对草地生产有利，将使草地 NPP 增产 2%～4%，这与本书计算的三江源草地 2002～2010 年的平均增加幅度 4.27%相吻合。

本书结果在一定程度上揭示出，三江源草地的气候变化越来越适宜于牧草的生长。自 2005 年始，三江源实施的生态保护工程取得了一定的效果，但草地 NPP 增加不显著，仍然需要长期实施保护和恢复工作。同时，加强草地生态恢复情况的监测，并继续实施生态恢复和保护战略，对三江源草地生态可持续保护是必不可少的。

3.4.2   三江源草地 NPP 空间分布差异

三江源草地 NPP 因海拔不同，降水和气温分布不均衡，区域间 NPP 的差异较明显；同时三江源年际 NPP 也存在一定的差异，三江源草地 NPP 变化在空间和时间上的变化差异性均比较明显，如图 3-4 所示。

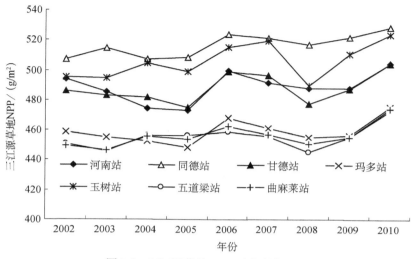

图 3-4　三江源草地 NPP 时空变化

从空间上看，位于三江源西北部的五道梁站、北部的曲麻莱站和玛多站区域的草地 NPP 明显最低，2002～2010 年均值分别为 455.3075 g/m² 、456.1479 g/m² 和 459.0328 g/m² ；同德站区域的草地 NPP 最高，2002～2010 年的均值为 516.8395 g/m² 。

三江源草地 NPP（三江源各站点 2002～2010 年的 NPP 平均值）空间差异与其海拔呈现出一定的负相关关系，如图 3-5 所示（为了比较将海拔除以 10，即 NPP 和海拔的单位分别为 g/m² 和 10 m）。

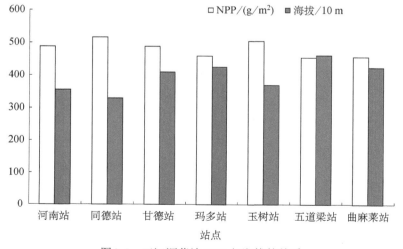

图 3-5　三江源草地 NPP 与海拔的关系

从图 3-5 可以看出，同德县的海拔最低，但其 NPP 相对最高；唐古拉山镇（五道梁站）和玛多县的海拔相对较高，但其 NPP 比较低。这揭示出，海拔越高的地区，气候寒冷、无霜期短、自然灾害多和土壤贫瘠等原因使该地区的草地 NPP 越低，而海拔较低的地区更为适合植物生长，因而具有较高的生产力，即三江源草地的 NPP 与区域海拔密切相关，海拔越高，气候越恶劣，草地 NPP 越低。河南县和玉树县的海拔虽然较接近，但玉树县的 NPP 要比河南县高，说明三江源草地 NPP 虽然与海拔相关，但也可能与该区域的生态保护力度、人为干扰强度和地形导致的降水等因素有关。

3.5　三江源草地 NPP 对气候变化的响应

一个地区的植物生产力与植物生长的气温和降水的关系密不可分，本书用 Stata 12.0 对三江源草地 NPP 与气温（T）和降水量（R）进行了回归分析，得到如表 3-1 所示的回归结果。

表 3-1　三江源草地 NPP 与气温和降水量的相关性回归结果

指标	相关系数	标准差	t	$P>|t|$
气温（T）	34.083	4.577	7.45	0.000
降水量（R）	−0.056	0.021	−2.62	0.040
常数项（_cons）	362.398	20.438	17.73	0.000

$P = 0.0008 > F$；均方误差 = 2.906；调整的 $R^2 = 0.878$；$R^2 = 0.908$

表 3-1 的回归结果表明，三江源草地 NPP 与当地的气温和降水量存在显著的相关性，P 为 0.0008，说明本书的回归结果是可靠的，模型是科学的。回归方程如下：

$$\text{NPP}=34.083\,T - 0.056\,R + 362.398 \tag{3-4}$$

从式（3-4）可以看出，三江源草地气温对气候生产力的变化具有正效应，而降水量对气候生产力呈现出负效应，且年平均气温每升高或降低 1 ℃将使三江源草地 NPP 增加或减少 34.083 g/m²，年平均降水量每增加或减少 1 mm 将使三江源草地 NPP 减少或增加 0.056 g/m²。由此可见，三江源草地 NPP 主要受气温的影响，但水分是极其重要的限制因子，水分的变化更关键。

目前三江源草地气候生产潜力并不高,其主要原因一方面是气温升高而降水量增加幅度较小,水热组合不合理,限制了植物生长,加上该地区无霜期过长等自然因素的影响,该地区的植被覆盖度较低,整体的生物生产能力有限。另一方面是当地牧户经济收入来源单一,导致过度依赖草地放牧,使草地生态环境严重退化,自 2005 年成立三江源自然保护区以来,通过限制放牧和生态移民等措施,三江源草地的生态环境得到了一定的恢复,但受该地区生态环境的脆弱性和气候因子的限制,草地生态恢复的速度缓慢、成效较小。

3.6 结论与政策建议

3.6.1 结论

气候生产力及其变化可以在一定程度上反映某一区域的生态环境变化状况,也与该区域的环境政策和经济发展战略密切相关。本书对三江源气候生产力状况进行了相关研究,主要结论如下。

1)通过对三江源地区 7 个站点 2002~2010 年的气象数据分析发现,2002~2010 年年平均气温呈现出显著的上升趋势,年平均降水量虽然也呈现出略微的增加趋势,但变化极不稳定,三江源年平均气温和年平均降水量均呈现出线性增加的趋势。

2)通过 Thornthwaite Memorial 模型计算的三江源草地 NPP 约为 481.435 g/m^2,三江源草地 NPP 在时间和空间上变化不均衡。2002~2010 年三江源草地 NPP 呈现出直线增加的趋势,尤其是 2006 年后增加明显,是三江源暖湿型气候与三江源生态保护战略的共同结果。

3)三江源区域间的 NPP 变化与其海拔相关,海拔较高的沱沱河、曲麻莱和玛多等站点的 NPP 最低,而海拔最低的同德 NPP 最高,即 NPP 变化与分布是全球气候变化的影响结果,也可能与当地牧户对草地放牧生计的依赖程度有着密不可分的关系。

4)通过对三江源草地 NPP 与气温和降水量的相关性分析,可以看出三江源草地 NPP 主要受气温的影响,但降水量是重要的限制因子。

3.6.2　政策建议

1）制定三江源功能区发展规划，合理协调和配置草地资源。可根据三江源草地的生产力状况制定不同的生态经济政策，如对 NPP 较高的同德县、玉树县等地区可以适度发展畜牧经济以促进当地的经济发展；对 NPP 较低的唐古拉山镇、玛多县和曲麻莱县等地区可以考虑通过对草地实施生态保护并对牧户的损失进行补偿的政策来实现该地区的生态经济发展；对其他区域可以考虑采取适度的产业结构调整和发展生态旅游等方式来实现区域的可持续发展。通过对三江源草地资源利用和保护重点的划分，可以实现各功能区的经济发展功能或生态保护功能，以实现三江源生态保护和经济发展以及社会稳定的多赢局面。

2）科学构建三江源区域生态保护补偿机制。在全球变暖的趋势下，降水量和植物水分充盈将使三江源草地植被覆盖度增加，一方面将使三江源草地生物生产能力增加，对维护当地和长江、黄河及澜沧江中下游的生态安全有着重要的意义；另一方面三江源草地生物生产力的增加将在一定程度上促进当地牧户的经济收入增加和畜牧业经济发展，有利于实现地区生态经济发展和社会稳定。因此，为了我国的生态安全和子孙后代的长远利益，在三江源实施生态恢复和保护工程是必要而刻不容缓的。生态脆弱区和敏感区域往往是不富裕人群聚居地，其生存和发展在相当大的程度上依赖生态系统服务初级生产功能，故基于公平原则和帕累托原则，对该区域的牧户必须实施有效的生态补偿以保障牧户的生存和发展的基本权利，进而促进该区域牧户积极响应生态保护计划，这是实现三江源草地生态保护目标的基本保障；此外，自然资源产权不清等问题同样是生态保护制度失灵的重要原因，深刻了解人类的干扰和气候变化等扰动下的生物生产力受损情况，精确评估生态系统服务，明晰产权，构建适应民族地区的科学有效生态补偿机制以调控、管理和实现区域生态保护，对促进该区域的生态经济和谐稳定发展意义重大而深远。

3）加强科学研究，设法提高植被生产力。在更深层次的意义上，三江源的生态环境极为脆弱和敏感，生态环境的退化和破坏不仅难以恢复，更对当地乃至全国的生态安全有着严重的威胁，因此，加强高寒地区草地生态的保育和养护及监测研究，探寻促进草地生物生长和恢复的有效生物措施，通过补草、种草、防风固沙、人工降水和加盖保温层等措施提高当地的生物生产能力是保护当地生态环境的重要举措。

4）积极改变牧民生计方式，促进生态经济可持续发展。通过发展地区经济以增加当地牧户的经济收入和增加收入来源，减少牧户对草地放牧生计的依赖，通过鼓励牧户放弃放牧生产和生活活动，增加人工养殖和打工等方式来减轻草地放牧压力，并给予牧户科学的生态保护补偿，在牧户的生活有保障的情形下实现三江源草地生态的保护，对促进三江源生态经济可持续发展至关重要，也更具有现实意义。

第4章 三江源牧户参与生态保护的行为及机理分析

近几十年，受气候变化和人类活动的影响，独特而典型的三江源高寒生态系统脆弱而敏感，该区域草场退化加剧，水土流失日趋严重，草原鼠害猖獗，源头产水量逐年减少，生物多样性急剧萎缩，栖息地破碎化，生态环境严重退化。高寒草地退化使水源涵养能力急剧减退，生态屏障作用和养育功能逐步丧失，直接威胁到西部生态安全。脆弱、敏感的三江源生态环境的退化，不仅导致当地群众福祉急剧下降，甚至面临贫困化的威胁；而且贫困可能进一步导致环境的退化（Cleaver and Schreiber，1994），即三江源自然保护区的草地生态环境退化和牧户的福祉变化，可能导致当地生态环境恶化、牧民贫困、地方经济发展落后的恶性循环，三江源生态环境保护势在必行。针对三江源生态的退化，青海省政府在 2005 年实施了生态移民工程进行生态保护，但效果并不理想，缺乏当地群众的主动参与是重要原因之一（甄霖等，2007），而且忽略了当地政府、社区以及居民在生态保护行为上的响应（Pires，2004），以及其居民在保护行为响应研究的缺乏，往往使得生态保护工作的有效性受到质疑（Chanda，1996）。可见生态保护战略的实施不能缺失牧户的自觉和主动性保护，生态保护战略应是牧户对三江源牧区生态退化的影响认知下的积极响应结果。因此，研究牧户对生态的退化影响的感知和响应，对促进牧户合理使用自然资源以及控制、引导和培养当地人群的生态保护行为显得迫切而重要，更为进一步深层次开展三江源全面的生态保护和恢复计划，制定三江源自然资源管理规划，全面实现该区域的生态系统恢复和可持续发展提供了科学支撑。

4.1　牧户对三江源草地生态退化的感知[①]

　　三江源草地生态退化是不容争辩的事实，全面的、大规模的生态保护是我国乃至东南亚的生态安全的需求，也是该区域义不容辞的责任（杨海镇等，2016）。居民对生态退化具有高度的认知感及其对资源过度或者不当利用导致退化原因的认同感是实现环境管理的必要前提（Ferrer-i-Carbonell and Gowdy，2007），即生态保护战略的实施是牧户对区域生态环境退化的影响认知下的积极响应结果，更不能缺失牧户的自觉和主动参与性响应行为。研究三江源牧户的草地生态退化感知及其影响因素，对引导牧户合理利用自然资源、培养正确和理性的环境保护行为和深层次开展三江源全面的生态保护和恢复，制定三江源自然资源管理规划，调整三江源生态保护政策和实施及提高政策有效性都具有重要意义。

　　牧户对生态退化的认识和响应关系到区域生态经济的可持续发展，国外诸多研究往往不仅关注个体对环境的认识和响应，而且还重视个体在环境的响应中的福利变化问题及其生态系统服务的变化情况，如 Ferrer-i-Carbonell 和 Gowdy（2007）关注主观福祉的测量与个体对环境的态度；Sauer 和 Fischer（2010）运用结构方程模型（structural equation modeling，SEM），探讨了牧户对景观及其多样性的支付意愿和保护态度。国内该方面的研究起步较晚，多侧重对个体的认知及其影响因素的分析，往往通过牧户的调查结果进行理论探讨而缺乏对感知程度的定量分析，更缺乏对影响因素的分析和研究，如芦清水和赵志平（2009）从年龄与牧户拥有牛羊的数量等因素研究了玛多县牧户对草地退化的响应差异；赵雪雁（2009）运用参与式评估法研究了甘南牧区牧户对环境变化的感知；张琴琴等（2011）探讨了黄河源区达日县牧户对气候变化和草地生态退化的感知和响应。

　　牧户对生态退化影响感知属于牧户行为主观认知研究。李西良等（2014）指出，牧户对气候变化的感知往往是牧户响应策略形成的重要基础，我们的研究更应该通过牧户对气候及其环境的感知来探究其行为响应，进而对牧户的响应行为进行调控和管理，以实现环境的有效管理。本书通过对三江源牧户对当

[①] 本节内容部分来自课题组阶段性成果《牧户对三江源草地生态退化的感知》（杨海镇等，2016）。

地生态退化及其原因的感知的调研，通过 Tobit 模型分析影响牧户对生态退化认知的主要因素，准确把握和理解牧户对环境的主动参与保护意愿，以期为制定环境保护战略和自然资源管理规划提供科学依据。

4.1.1 研究方法

4.1.1.1 参与式（PRA）半结构的牧户问卷调查方法

2012 年 7 月，据邵全琴等（2010）的三江源草地退化格局资料，对黄河源区的果洛州玛多县（大范围中度持续退化沙化区）、玛沁县和甘德县（轻度连续退化区）、黄南州泽库县（轻度连续退化区），长江源区的玉树州玉树县（中轻度连续退化区），以及澜沧江源区玉树州囊谦县（中轻度连续退化区）的牧民进行了随机抽样调查，开展了面对面访谈。调查对象全部为牧民，以中年男性为主，通过 9 个藏族学生翻译和访谈，共获得有效问卷 344 份。问卷主要内容包括：①调查对象及家庭的基本社会经济特征，包括性别、年龄、文化程度、家庭人口、家庭经济收入来源、家庭草场和牲畜情况。②调查对象对草地生态退化的感知情况。本书所有数据来自调查的原始数据。

4.1.1.2 变量的选取与赋值

由于三江源牧民和外界接触程度、与草地劳作的紧密程度、对草地的关注程度、对相关政策的熟悉程度等的差异，牧户对生态退化的感知不同。年龄因素是识别草地是否存在退化趋势的重要因素，年轻人相对于老年人可能接触草地较少，且本书的问卷调查中 97% 为男性，性别因素均不具有差异性，故本书分析中忽略了性别因素，而以外界接触程度和年龄特征来衡量牧民的个人特征。牧户的退化感知是内外部因素共同作用的结果，结合问卷调查结果和研究成果，本书外部因素选取牧户家庭离县城距离来代表牧户所在地的经济状况、教育和医疗水平以及就业机会和信息方便获取程度，而以牧户的生计能力（年龄、外界接触程度、人均牲畜和放牧劳动力）来代表牧户的内部因素。本书结合调查和访谈数据设定了影响因素，指标来源于问卷调查（杨海镇等，2016），变量解释与说明见表 4-1。

表4-1 变量解释与说明

变量	赋值说明
县城距离	离县城距离>200 km=1，150~200 km= 2；100~150 km=3；50~100 km=4；30~50 km=5；5~30 km=6；<5 km=7
年龄	受访者的年龄
放牧劳动力	家庭实际从事放牧的劳动力数量
人均牲畜	家庭人均拥有牛及羊的数目，为统一只采用人均牛的数量
生计水平	放牧生计=1，放牧+其他经济作物=2，虫草收入=3，有零售商店或车辆运输的=4，家中有固定打工的=5，如果某牧民家中有多项收入进行累计
外界接触程度	依照接触程度由低到高赋值（1为几乎不与外界接触，7为经常与外界接触并交往）

4.1.1.3 牧户对草地生态退化认知分析——Tobit 模型

以牧户对草地生态是否感知到退化的回答作为因变量，完全没有感知到或者不知道为 1，一般为 2，有一点为 3，比较明显为 4，非常明显为 5。因为三江源已经大范围实施了生态保护战略，所以在调查中部分牧户对退化状态具有真实的感知，但由于自身能力的限制或存在戒备心理，出于对未知风险的考虑而选择了不清楚或者观望的回答，还有部分牧户的自主意识较弱，可能在不情愿的情况下出于从众心理，选择了对自身福利影响较小的回答，即没有感知。在观测值中均表现为没有感知（即 1），可能与真实情况有所偏差或变异，即存在删截，故我们引进了 Tobit 模型进行牧户的保护感知分析，并估计了牧户整体的数学期望值。假设牧户 i 通过效用最大化（风险损失最小）影响牧户对草地生态退化的感知程度 y_i，将影响牧户感知的所有不确定因素设为 μ_i 且符合正态分布，β 为回归系数，则相对于各种影响因素 x_i 的 y_i 的表达式为

$$y_i = \begin{cases} y_i^* = \beta x_i + \mu, & y_i^* > 1 \\ 1, & y_i^* < 1 \end{cases} \quad (4-1)$$

则基于所有观测值（观测到的 y_i^* 和删失的）数据，可先按自变量的取值来估计观测发生删截的概率（P_r），然后用此概率来估计似然值（L），得到所有观测的期望值为 E_{y_i}，其中 c_y 为大于 1 时的 y_i 值。

$$E(y_i|x_i) = \left[P_r(\text{uncensored}|x_i) \times E(y_i|y_i>1, x_i) \right] + \left[P_r(\text{censored}|x_i) \times c_y \right] \quad (4-2)$$

且可通过最大似然估计，即选择一系列的 β 和 σ 来最大化 L。Tobit 模型对数似然函数为

$$\ln L = \sum_{\text{uncensored}} \ln \frac{1}{\sigma} \varphi \left(\frac{y_i - \beta x_i}{\sigma} \right) + \sum_{\text{censored}} \ln \left[1 - \varPhi \left(\frac{\beta x_i}{\sigma} \right) \right] \qquad (4\text{-}3)$$

式中，括号内方程为指标函数，即若括号内的表达式为真，则取值为 1，否则取值为 0；σ 为数据分布的概率密度；φ 为标准正态分布的密度函数；$\varPhi$ 为标准正态分布的累计函数。

4.1.2 数据分析

4.1.2.1 受访牧民及基本特征

从调查对象的情况来看，男性占 97%，许多女性以"不知道或不懂如何回答"为由推给男性，但在访谈中对有些问题比较认同或者有看法时，会积极地表述和补充自己的观点与态度，表明并非抗拒调查。因性别因素不具有差异性，本书分析中剔除了性别因素。受访的牧民中除泽库县的大部分牧民拥有玛尼石雕刻技能外，77% 的牧民没有任何技能，10% 的牧民有零售商店作为辅助收入来源，17 个牧民有驾驶技术，以交通运输作为辅助收入。除玛多县以外，泽库县、隆宝乡、玉树县、囊谦县、甘德县等 85% 的牧民并非以放牧作为主要收入来源，而是以虫草等作为主要生计，放牧仅仅是为满足日常的生活所需。在调查中发现，牧民普遍拥有非常少的牛，人均 3～7 头，调查区域的草场中均未见到羊（喜吃草根，故对草场破坏较大），可见牧民对草地退化存在一定程度的感知和响应。

4.1.2.2 牧户对生态退化感知情况的 Tobit 模型分析

本书用 Stata 12.0 对牧户生态退化感知的主要影响因素进行了 Tobit 模型分析，主要结果见表 4-2。

表4-2 三江源牧户草地生态退化感知的主要影响因素分析

变量	最小二乘回归（OLS）			Tobit 模型			
	相关系数	标准差	$P>\mid t\mid$	相关系数	标准差	检验值 t	$P>\mid t\mid$
年龄	0.0783	0.0552	0.157	0.0999	0.0849	1.18	0.240
外界接触程度	−0.0487	0.0621	0.433	−0.0818	0.0985	−0.83	0.407
人均牲畜	0.1132	0.0154	0.000	0.1617	0.0233	6.91	0.000
生计水平	−0.1667	0.0473	0.000	−0.2463	0.0729	−3.38	0.001
县城距离	0.0749	0.0597	0.211	0.0836	0.0933	0.90	0.371
放牧劳动力	0.0158	0.0622	0.800	0.0552	0.0962	0.57	0.567
协方差_cons	1.8795	0.4148	0.000	1.221	0.6404	1.91	0.057
均方根误差	1.3053			1.8912			
调整的 R^2	0.2137(Prob > F = 0.0000)			0.0708(Prob > chi2 = 0.0000)			

　　首先，最小二乘回归（OLS）的结果与 Tobit 模型的结果有着明显的差异（变量的相关系数存在较大差异，且 Tobit 模型的标准差大于 OLS 的均方根误差），运算结果表明，存在 147 个删失变量，说明数据存在删失的假设是成立的。其次，Tobit 模型的结果表明，牧户生计水平和牧户拥有的牛羊数量，对牧户的生态退化感知具有较为显著的统计意义。其中，生计水平的影响系数为-0.2463，说明牧户的生计水平越低，牧户对生态退化的感知越高，这也不难理解，牧户的生计水平越低，牧户对草地生态的依赖性越高，只能从事放牧或者采集草原产品，如果回答感知到了退化，担心将采取的环境政策会对自身的利益产生较大的损失，故出于保护自身利益最大化的目的选择了逃避。因此，从根本上提高牧户的生计水平，促进生计的可替代性和多样化，改善牧户生活状况，进而减少对草地环境的压力，是保护环境和提高牧户福利水平的必由之路。

　　拥有牲畜数量较多的牧户对生态退化感知影响系数为 0.1617，说明多牲畜牧户拥有更强福利损失风险防御和响应生态退化的能力。同时，拥有放牧劳动力较多的牧户，生态退化感知也较大。一方面，牲畜多、劳动力多，则家庭收入水平较高、生计资产大，转产时拥有较多的资本和选择机会，即便采取生态保护策略，如限制放牧、减少牛羊，牧户的损失也不是很大；另一方面，牲畜多，对草地生态的压力大，导致退化趋势也较明显，因此，牧户对退化的感知度也较高。可见，如何分流强大的放牧劳动力市场、鼓励牧户从事非放牧型的生产生活，以减轻生态环境的压力，并能保证牧户的生活水平不受影响，才是三江源草地生态系统保护和可持续发展中迫切需要考虑的问题。

　　牧户的年龄对牧户的退化感知具有正向的影响，年龄越大的牧户，一般文化程度和技能水平越低，只能长期从事放牧活动，因此对草地生态退化的状况有着较深刻的认识。而从长期趋势来看，应让今后的主力军——中青年牧户，对生态退化与保护有更深刻的认识，并提高他们的人力资本，逐渐接受并适应非放牧的生活，从根本上减轻对草地生态环境的依赖，才有可能引导牧户逐渐退出草地放牧，进而实现三江源草地生态的恢复与保护。

　　牧户与外界接触程度越高，说明牧户所接收到的各种信息和政策越丰富，对生态退化引起的损失风险的认知度越高，出于自身效用最大化的考虑，对生态退化感知度越小。离县城距离较近的牧户，对草地生态退化感知较强。牧户所处的地理位置越靠近县城，牧户从事非放牧型生计的可能性越大，就业机会越多，故对放牧生计和草地的依赖越弱，面对草地生态退化的响应时福利受损的风险有着稍强的规避能力，因此该类牧户的生态退化感知度较大。同时本书揭示出，如何设法通过发展经济降低牧户的损失风险，提高牧户的生活水平和福利，增加牧户的选择机会和能力，才是提高退化感知水平，激励牧户开展生态保护的关键。

4.1.2.3　牧户生态退化感知的定序回归结果分析

三江源牧户中约有 37% 的牧户回答了"未感知到任何退化"，即约有 63% 的牧户有退化感知，其中"一般退化""有一点退化""比较明显退化""非常明显退化"的比例分别为 15.23%、16.75%、17.01% 和 13.71%。为进一步分析影响牧户退化感知度保护，我们进行了定序 Logit 模型回归，结果见表 4-3。

表 4-3　模型估计结果

变量	相关系数	标准差	z	$P>|z|$
年龄	0.0848	0.0770	1.10	0.271
外界接触程度	−0.0855	0.0905	−0.94	0.345
人均牲畜	0.1705	0.0258	6.58	0.000
生计水平	−0.2212	0.0686	−3.22	0.001
县城距离	0.1179	0.0870	1.35	0.175
放牧劳动力	0.0616	0.0864	0.71	0.476
/cut1	0.3641	0.6021		
/cut2	1.157	0.6041		
/cut3	2.044	0.6129		
/cut4	3.2013	0.6288		

定序 Logit 回归的结果与 Tobit 回归的结果基本一致，即牧户的生态退化感知显著地受牧户生计水平的负影响和牧户拥有的人均牲畜数量的正影响。此外，牧户的年龄、离县城距离和放牧劳动力对牧户的生态退化感知有正影响，而牧户与外界接触程度越高，牧户的生态退化感知越低。在控制其他变量的情况下，牧户的人均牲畜数量每增加 1 头，牧户的生态退化感知度将增加 0.08 个单位；对于"未感知到任何退化"而言，每增加 1 头牲畜，牧户感知"有一点退化"的可能性将增加近 9%（8.87%），随牲畜数量的增加，牧户的生态退化感知更有可能落在分类值较大的一端。生计水平每提高 1 个单位，牧户的生态退化感知

度将下降 0.22 个单位，且相对于"非常明显退化"而言，生计水平每提高 1 个单位，牧户对"未感知到任何退化""有一点退化""比较明显退化"的感知可能性均提高 24%；随生计水平的不断增加，牧户的生态退化感知更有可能落在分类值较小的一端。本书揭示出对于已经具有生态退化感知的牧户，其生计水平提高对生态退化感知的影响并不大；而对于目前生态退化感知度较低的牧户，通过提高牧户的生计水平，牧户对草地生态的依赖度降低，并且基于回答退化感知而产生的福利损失风险的防御心理大幅度降低，使牧户的生态退化感知大幅度增加，即牧户的生态退化感知是牧户对生态保护产生响应的基础，而提高生计水平将使牧户的生态退化感知增加，进而促进牧户的生态保护响应积极性。

4.1.3 结论与讨论

牧户对生态退化的感知在很大程度上影响着当地的生态安全，更是产生保护行为响应的前提，因此研究牧户对生态退化的感知及其影响因素，不仅对区域生态经济的可持续发展具有重要意义，更可以为当地自然资源管理政策的制定提供科学支撑。

4.1.3.1 结论

约有 63%的三江源牧户具有一定的生态退化感知，牧户出于对未知风险的规避，选择了不太真实的回答，本书采用 Tobit 模型对牧户生态退化感知的影响因素进行了分析。Tobit 模型结果表明，距离城市较偏远、与外界接触程度较低的牧户具有较高的生态退化感知度，同时生计能力较弱（年老、牲畜数量少且劳动力少）和生计水平较低的牧户具有较高的生态退化感知度，即三江源牧户的环境感知是生计和知识认知共同影响下的决策型感知（杨海镇等，2016）。提高牧户的生计水平和促进牧户的就业能力，改善牧户的福利水平和增加牧户的选择机会，增强牧户实现创收和面对风险损失的能力，才能让牧户在减小福利损失的前提下逐渐减少对草地生态的放牧压力和依赖，并产生真实的生态退化感知，进而产生保护意愿。定序 Logit 回归结果同样表明，牧户的生态退化感知主要受其生计水平和生计资产的影响，每提高 1 个单位的生计水平，相对于高感知度而言，牧户的退化感知从"未感知到任何退化"变化为"有一点退化"和"比较明显退化"的可能性均提高 24%。假设牧户具有较高的生计水平（稳定收入和稳定工作）时，牧户的低退化感知的感知度大幅度增加。提高牧户的生计水平是提高退化感知度和区域生态经济可持续发展的关键举措。

因此，在三江源环境管理和社会经济发展政策制定中，必须重点关注牧户的生计问题，在优化牧户生计的前提下，提高牧户的福祉和幸福感，使牧户主动参与和支持生态保护，最终实现牧户的福祉改善与环境保护的双赢。本书只分析了牧户的主观退化感知及其影响因素，未涉及牧户的退化感知的区域性差异，与区域的客观退化感知之间的差异或一致性也未研究，期待在今后进一步客观评价牧户的退化感知度与行为响应及其与牧户的福祉之间的联系，以期为区域环境管理提供更科学、更全面的支撑。

4.1.3.2 讨论

1）三江源牧户对草地生态退化的感知度不高的原因是牧户生计单一化。牧户严重依赖当地的生态环境而生存，如果认同存在着明显的或严重的生态退化问题，则将可能面临禁止放牧或者禁止挖虫草等政策带来的收入下降及贫困化等风险，因此在对生态退化感知的回答中很大程度上存在着隐瞒和保留，导致牧户的生态退化感知较低，且出现生态退化感知受牧户特征潜变量影响不太高的结果。李惠梅等（2013a）研究指出，三江源牧户参与生态保护意愿的概率往往是出于对自身利益和未知风险考虑下被动的响应结果，可见，三江源牧户生态退化感知低的根本原因是牧户因受到生态退化而导致的福利受损并未得到补偿，牧户不愿意进行生态保护响应。然而生态保护和补偿能否顺利实施的关键在于牧户损失的利益能否得到补偿及其为生态恢复所做的贡献能否得到承认（熊鹰等，2004），更是当地牧户意愿响应生态保护政策及其转变为主动参与式生态保护的核心（李惠梅和张安录，2013a，2013b）。因此，充分研究牧户对生态退化的感知、响应以及对生态保护和恢复的参与性意愿，对牧户因生态退化和保护而受到的损失进行科学的生态补偿，使牧户在生态保护的过程中的福祉不受损失，拓展牧户生计方式，改善牧户的生活满意度和幸福感，调动和激励牧户参与生态保护的积极性，实现区域生态保护和牧户幸福的双赢。

2）改善牧户的生计问题，促进牧户就业和生计多样化是实施生态保护的前提。牧户作为牧区最主要的经济活动主体与最基本的决策单位，其生计行为决

定着资源的利用方式、利用效率，不合理生计方式已成为引起生态退化的最主
要和最直接因素（张丽萍等，2008）。当地牧户生计的改善往往驱动着生态系统
的正向演替（王成超和杨玉盛，2011），牧户生计的非农化驱动着森林覆盖率的
稳定上升（Rudel et al.，2002），生态旅游等替代生计在保护环境的同时降低贫
困和促进区域的可持续发展（Baker，2008）。可见，牧户拥有的生计资产及生
计能力影响着他们的生计策略，牧户对资源的利用方式和经济管理等行为已成
为当地生态环境变化及可持续发展的最主要与最直接的影响因素。三江源生态
退化严重，而当地牧户的生计严重依赖当地生态环境，且比较单一，受单一化
生计的影响，牧户对生态退化的感知较低，更谈不上对生态保护的参与和支持；
提高牧户生计能力是环境保护及自然资源可持续利用的根本途径，若不能有效
解决牧户生计问题，牧户过度利用和破坏环境的驱动因素不能消除，生态保护
将不可能从根本上实现。

因此，研究牧户的响应情况及原因，在牧户对生态退化的感知以及对生
态保护和恢复的参与性的基础上，解决三江源依赖生态环境而生存的牧户的
生计问题，拓展牧户生计方式，通过优化牧户的生计方式来解决当地生态退
化问题，在改善牧户生计问题的基础上，制定自然资源管理规划和政策，通
过正确引导牧户的宗教信仰、加大环保知识的宣传力度，并真正调动和激励
牧户参与生态保护的积极性，才有可能得到牧户的支持和参与，实现生态保
护的战略目标。

3）在优化牧户生计的基础上改善牧户生活满意度，是实现区域可持续生态
保护的关键。当前中国的环境保护政策若不能有效解决牧户生计问题，不能从
根本上化解牧户破坏环境的驱动因素，那么这种政策的长远成效是值得怀疑的
（杨光梅等，2007）。在生态系统功能更为脆弱的区域或者生态供给不足时，生
态系统微弱变化将可能导致人类福祉的大幅度降低（Cao et al.，2010），生态脆
弱、敏感的三江源生态退化可能导致当地牧户的福祉急剧下降，生态补偿未普
及或远远不能满足需求，当地牧户极有可能沦为生态难民，面临边缘化和贫困
化。牧户在生态退化感知的基础上愿意参与生态保护响应的前提是，牧户的生
活不应因参与生态保护而受贫困化的威胁。李惠梅等（2013b，2014）研究表明，
生态退化和环境保护往往因资源的利用被限制而使牧户的生计能力受到影响，
进而影响牧户的生活和福祉水平，使他们陷入生态性贫困的威胁，严重损害了

牧户主动参与生态保护战略的积极性。当然，生态保护并不一定意味着贫困，贫困减弱和生态保护在一定机制下可以实现双赢，在适当的体制背景下为牧户提供服务和外部效应内部化的激励，可能会实现有效和可持续的生态系统管理，生态补偿作为调整损害与保护环境的主体间利益关系的一种制度安排，是保护生态环境的激励措施（Fisher et al.，2011）。

4.2 牧户对生态退化的感知及影响因素分析[①]

牧户对生态退化影响感知属于牧户行为主观认知研究，但上述研究都是通过牧户的调查结果进行理论探讨，没有定量分析影响的感知程度，更缺乏对影响因素的分析和研究，因此本书通过对三江源牧户对当地生态退化及其原因的感知的调研，量化牧户对三江源生态退化影响的感知程度（指数），并通过结构方程模型分析影响牧户对生态退化认知的主要因素，为准确把握和理解牧户对环境的主动参与保护意愿，以期为制定环境保护战略和自然资源管理规划提供科学依据。

4.2.1 研究方法

4.2.1.1 参与式（PRA）半结构的牧户问卷调查方法

2012 年 7 月，据邵全琴等（2010）的三江源草地退化格局资料，笔者组织对黄河源区的果洛州玛多县（大范围中度持续退化沙化区）、玛沁县和甘德县（轻度连续退化区）、黄南州泽库县（轻度连续退化区）、海南州同德县（轻度连续退化区），长江源区的玉树州玉树县（中轻度连续退化区），以及澜沧江源区玉树州囊谦县（中轻度连续退化区）的牧民进行了随机抽样调查，开展了面对面访谈。调查对象全部为牧民，以中年男性为主，通过 9 个藏族学生翻译，共收回有效问卷 344 份。问卷主要内容包括：①调查对象及家庭的基本社会经济特征，包括性别、年龄、文化程度、家庭人口、家庭经济收入来源、家庭草场和牲畜情况。②调查对象对草地生态退化的感知情况。③ 调查牧户对环

---

① 本节内容来自课题组阶段性成果《基于结构方程模型的三江源牧户草地生态环境退化认知研究》（李惠梅和张安录，2015）。

境相关政策的态度和生活满意度。本书所有数据来自调查的原始数据。调查地点与有效问卷量见表 4-4。

表 4-4　调查地点与有效问卷量

源头地区	调查地点	取样点	有效问卷量/份	占总样本比例/%
黄河源区	果洛州	玛多县	31	9.01
		玛沁县	29	8.43
		甘德县	22	6.40
	黄南州	泽库县	35	10.17
	海南州	同德县	45	13.08
长江源区	玉树州	玉树县	97	28.20
澜沧江源区		囊谦县	85	24.71

4.2.1.2　牧户对草地生态退化的感知指数构建

牧户对生态退化的感知同样属于主观认识，不能直接测量（李惠梅和张安录，2015）。在前后几次调研中发现，牧户对生态退化没有直接的概念认知，但是对生态退化的有些表现有一定的感知，故本书结合生态学机制和当地的普遍、典型地退化现状，将牧户对生态退化的影响的感知细化为植被覆盖度下降、植株矮化、生物多样性下降、棘豆和蒿属等标志退化的毒草杂草增加（棘豆属植物是草地退化的前兆或加速草地退化，蒿属植物生活在已经严重退化的草地环境中。在调研过程中特意带了相关植物请牧户识别和回答）、鼠害猖獗、黑土滩现象、水土流失、荒漠化 8 项。依牧户对三江源草地生态退化是否感知到或感知程度由低到高分别赋值 1~7（1 为未感知到任何退化，7 为感知到非常明显退化）来代表感知度，即 X_{ij}；然后通过结构方程模型，将模型退化指标的测量权重系数归一化得到权重 ω_{ij}；最后用 X_{ij} 乘以权重求和得到环境退化感知指数（EDPI$_i$）为 $\sum\limits_{i=1}^{8} X_{ij}\omega_{ij}$。

4.2.1.3　牧户对草地生态退化认知的主要影响因素分析——结构方程模型

本书的牧户对生态退化的认知属于牧户的主观认识，具有难以直接测量与难以避免主观测量误差的基本特征（李惠梅和张安录，2015）。结构方程模型是为难以直接观测的潜变量提供一个可以观测和处理，并可将难以避免的误差纳入模型之中的分析工具。为此，本书应用结构方程模型展开影响牧户生态退化认知的主要因素的分析。

（1）结构方程模型设立

结构方程模型包括两部分：①测量模型，反映潜变量和可测变量间的关系；②结构模型，反映潜变量之间的结构关系。结构方程模型一般由三个矩阵方程式代表：

$$\eta = B\eta + \Gamma\xi + \zeta \tag{4-4}$$

式（4-4）为结构模型；η 为内生潜变量；ξ 为外源潜变量；Γ 为外生潜变量 ξ 对内生潜变量 η 的影响；B 为内生潜变量 η 之间的关系；ζ 为方程的残差项（反映 η 在方程中未被解释的部分），即 η 通过 B 和 Γ 系数矩阵以及误差向量 ζ 把内生潜变量和外源潜变量联系起来。

$$Y = \hat{y}\eta + \varepsilon \tag{4-5}$$

式（4-5）为测量模型；Y 为内生潜变量的可测变量；$\hat{y}$ 为内生潜变量与其可测变量的关联系数矩阵；ε 为测量误差。

$$X = \hat{x}\zeta + \sigma \tag{4-6}$$

式（4-6）为测量模型；X 为外源潜变量的可测变量；$\hat{x}$ 为外源潜变量与其可测变量的关联系数矩阵；σ 为测量误差。通过测量模型，潜变量可由可测变量来反映。

结构方程模型通常有 4 个假设条件：第一，测量方程误差项 σ 和 ε 的均值为 0；第二，结构方程残差项 ζ 的均值为 0；第三，误差项 σ 和 ε 的和与 η、ξ 因子之间不相关；第四，残差项 ζ 与 ξ、σ 和 ε 之间不相关。

结构方程模型的分析采用极大似然估计（maximum likelihood，ML），使下面拟合函数 F_{ML} 达到最小值的估计 $\hat{\theta}$：

$$F_{\mathrm{ML}} = \ln\left|\sum(\theta)\right| - \ln|S| + \mathrm{tr}\left[S\sum{}^{-1}(\theta)\right] - (p+q) \tag{4-7}$$

在结构方程中主要估计的参数包括：外源潜变量与内生潜变量的结构方程系数；可测变量与潜变量的测量方程系数；可测变量的误差项（反映剩余误差的大小）；误差项与误差项之间的协方差（反映可测变量之间的关联）；外源潜变量的方差。

（2）变量的选取与赋值

由于三江源牧民和外界接触程度、与草地劳作的紧密程度、对草地的关注程度、对相关政策的熟悉程度等的差异，牧户对生态退化的感知不同；年龄因素是识别草地是否存在退化趋势的重要因素，年轻人相对于老年人可能接触草地较少，本书的问卷调查中，年龄段集中于 45～60 岁，且 97% 为男性，年龄和性别因素均不具有差异性，故本书分析中忽略了年龄和性别因素，而以外界接触程度来衡量牧民的个人特征。结合调查和访谈数据设定了影响因素，多数指标来源于问卷调查（李惠梅和张安录，2015）。以下仅对比较特殊的赋值进行说明。

1）文化及技能：在调查中发现，三江源牧区的牧民汉语正规教育程度平均较低，故本书以家中最高的文化程度和是否与外界接触频繁作为文化程度的考察。如果家中没有读书的，赋值为 1；有上小学的，赋值为 2；有读初中的，赋值为 3；读中专的，赋值为 4；读本科的，赋值为 5。同时如果该受访者经常外出，赋值为 2，并且与家中最高文化程度累计计算。如果受访的牧民有一定的技能，赋值为 2；如果牧民有技能并且依靠此有收入，赋值为 4。

2）生计方式及打工：三江源区牧民以放牧和出售牛羊及其附属物（如牛毛、酸奶、羊皮等）为主要生计来源，有些区域的牧民以挖虫草（采草药、采蘑菇、挖蕨麻）等经济作物为生计来源，有些牧民以零售商店或车辆运输等为生计来源。本书中，对放牧生计来源赋值为 1，对其他经济作物赋值为 2，对有虫草收入的赋值为 3，对零售商店或车辆运输的赋值为 4，如果某牧民家中有多项收入进行累计。对打工状况，家中有人打工的赋值为 1，有人打工且打工时间每年超过 60 天的赋值为 2，家中有固定打工的赋值为 3，有固定工作的赋值为 4，在行政或事业单位做长期固定的聘用人员的赋值为 5，在学校或医院工作的赋值为 6，家中有公务员或部队的赋值为 7。

3）距离城市的远近：牧民离城市的远近与牧民对信息的获取程度及其政策熟悉程度有着密切的关系，进而影响牧民多草地生态环境的感知。本书对离县城距离大于 200 km 时赋值 s 为 1；150～200 km 时 $s=2$；100～150 km 时 $s=3$；50～100 km 时 $s=4$；30～50 km 时 $s=5$；5～30 km 时 $s=6$；小于 5 km 时 $s=7$。

4）家庭生活状况：牧民的人均牛羊数量值直接作为特征值。年户均收入在 0～5000 元的赋值为 1，0.5 万～1 万元的赋值为 2，1 万～2 万元的赋值为 3，2 万～3 万元的赋值为 4，3 万～5 万元的赋值为 5，5 万～8 万元的赋值为 6，8 万元以上的赋值为 7。

家庭健康的赋值是按照家中是否有慢性的、需花费大笔医疗费用的病人反向赋值，即家中无病人或者属于感冒等普通病的赋值为 7，家中虽然有人生病但比较容易治疗或治愈的赋值为6，家中虽然有病人但小手术即能解决的赋值为5，家中有病人且需住院治疗的赋值为4，有病人且较难治的慢性病赋值为3，有病人长期在治疗且难治愈的赋值为2，有病人且有死亡的赋值为1。

5）宗教知识：三江源区藏族群众全民信奉藏传佛教，很多环保知识均来自宗教知识，藏传佛教的教义中尊崇"人与自然的和谐""众生平等"，故本书依对宗教信仰的教义理解程度进行赋值，即不太清楚教义的赋值为1，有点清楚的赋值为2，比较清楚的赋值为3，非常了解的赋值为4，清楚并且同意该教义的赋值为5，清楚并且同意遵从的赋值为6，非常清楚并且一直在遵从和实施的赋值为7。

（3）理论假说及模型设定

本书提出如图4-1所示的牧户对生态退化认知的主要影响因素的假说模型。假说模型以牧户的退化感知为内生潜变量，以牧户个人特征（生计来源、距离城市的远近等）、家庭生活特征、环保知识、生活幸福等为外源潜变量，本书提出如下总-分的假设。

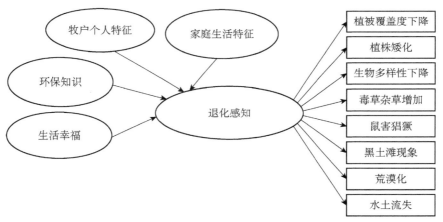

图4-1　三江源牧户生态退化感知的影响因素的假说模型

H1：牧户个人特征、家庭生活特征、环保知识、生活幸福等潜变量对牧户的退化感知产生影响，当地的环保宣传和环保信息的普及程度对退化感知影响最大。

H2：牧户的生活幸福状态对牧户的退化感知有很大的影响。

H3：牧户生计方式在很大程度上影响牧户对退化的感知。

H4：牧户是否与外界频繁接触、距离城市（县城）的远近和家中子女受教育程度等因素在一定程度上影响牧户对环境退化的认知。

4.2.2 数据分析

4.2.2.1 样本描述性统计

（1）受访牧民及基本特征

从调查对象的情况来看，男性占 97%，许多女性以"不知道或不懂如何回答"为由推给男性，但在访谈中对有些问题比较认同或者有看法时，会积极地表述和补充自己的观点与态度，表明并非抗拒调查，因性别因素不具有差异性，本书分析时剔除了性别因素。本书中调查的牧民年龄分布集中在 45～60 岁，95%以上的受访牧民都没有接受过正规的学校教育，只有 4 个受访者文化程度较高，仅占样本的 1.6%，其中 1 个高中，3 个大专。受访的牧民中除 3 户为汉族（和藏族通婚）外，其余均为藏族，且全都信仰藏传佛教，78%以上的牧民对与生态保护有关的教义比较清楚，且日常生活中的"不杀生"、"不大量买卖牛羊"、"保护野生动植物"、保护和爱护草场等行为均源于对宗教信仰的虔诚与对"轮回"说的推崇。受访的牧民中除泽库县的大部分牧民拥有玛尼石雕刻技能外，77%的牧民没有任何技能，10%的牧民有零售商店作为辅助收入来源，17 个牧民有驾驶技术，以交通运输作为辅助收入。除玛多县以外，泽库县、隆宝乡、玉树县、囊谦县、甘德县等 85%的牧民并非以放牧作为主要收入来源，而是以虫草等作为主要经济收入来源，放牧仅仅是为满足日常的生活所需。在调查中发现，牧民普遍拥有非常少的牛，人均 3～7 头，调查区域的草场中均未见到羊（喜吃草根，故对草场破坏较大），可见牧民对草地退化存在一定程度的感知和响应。受访牧民的生活满意度较高，介于 5～7，只有少数身体有疾病的牧民的生活满意度稍低，介于 3～5。

（2）受访牧民对草地退化的总体感知

97%以上的受访牧民表示感知到这几年草场有退化现象及趋势存在，其中 73%的牧民表示感知到植被覆盖度有一定程度的下降，65%的牧民表示感知到草地植物植株矮化，92%的牧民表示对草地生物多样性下降没有感知，98%的牧民表示对鼠害猖獗、黑土滩现象有着清楚而深刻的感知，87%的牧民表示对荒漠化和水土流失感知明显。

4.2.2.2　问卷的信度和效度检验

（1）信度检验

为检验问卷的数据测量的可信性和可用情况，本书运用 SPSS17.0 对各测量模型和结构模型分别进行了克隆巴赫（Cronbach）分析。当 Cronbach's $\alpha \geqslant 0.70$ 时，数据内部一致性较好，属于高信度；当 $0.35 \leqslant$ Cronbach's $\alpha < 0.70$ 时，其信度一般；Cronbach's $\alpha < 0.35$ 则不可取。

（2）效度检验

效度是指测量工具或手段能够准确测出所需测量研究目标的科学有效程度。本次调查问卷的潜变量维度假设设定是基于文献综述、专家审查和修订、预调查情况等综合考虑的结果，基本保证了问卷的维度和题项能够包含影响牧民对退化感知的主要因素，并具有代表性，因此保证了问卷具有较好的内容效度。问卷的建构效度是指测量工具能够测量理论的概念或特质的程度，本书运用皮尔逊相关系数（Pearson correlation coefficient）检验，并且在路径分析中体现出了变量相关性和修正情况。

4.2.2.3　三江源牧户对草地生态退化的感知

（1）牧户总体感知情况

为进一步量化牧户对草地生态退化的感知程度，本书计算了感知指数，具体结果见表 4-5。

表 4-5　三江源牧户对草地生态退化的感知

指标	权重	总得分	平均值	标准差	方差	显著性 P	感知水平
植被覆盖度下降	0.157	948	2.716	0.097	27.89	***	较低
生物多样性下降	0.126	681	1.951	0.064	30.604	***	较低
鼠害猖獗	0.008	1919	5.499	0.028	94.285	***	高
黑土滩现象	0.116	1514	4.338	0.076	56.789	***	较高
毒草杂草增加	0.143	1154	3.307	0.108	30.752	***	一般
水土流失	0.156	1353	3.877	0.088	43.942	***	一般
荒漠化	0.133	1274	3.650	0.103	35.532	***	一般
植株矮化	0.161	767	2.198	0.08	27.354	***	较低
综合感知指数		1412.78	4.048				一般

***表示在 1% 水平显著（$\alpha < 0.01$）。

结果表明，三江源牧民对草地生态退化感知中最有认同感的是鼠害猖獗和黑土滩现象，均值分别为 5.499 和 4.338。意味着牧民对三江源当地生态环境退化的主要后果（黑土滩现象）和原因（鼠害猖獗）有着明显的感知与认识，也揭示出牧民对三江源草地生态环境的重视程度比较高。其次，牧民对三江源生态退化导致的土壤养分流失和风化的结果、土壤贫瘠、生态退化的原因和后果、水源涵养能力下降及标志生态退化现状和趋势的标志植物如棘豆属植物和蒿属植物增多有着一定程度的认同，均值分别为 3.877、3.650、3.037，也进一步验证了三江源生态退化将导致当地水土流失及土壤贫瘠化、水源涵养能力下降，引起干旱化和沙化加剧，并将进一步加重当地草地生态退化的趋势和速度，而调查区域牧民对这一生态安全问题有着相当程度的认识（李惠梅和张安录，2015）。然而三江源牧民对草地生态退化的最重要指标——植被覆盖度下降、植株矮化和生物多样性下降明显感知程度不高，可能的原因是牧民对生物多样性等名词比较陌生，故做出了较不认同的回答；当地气候终年苦寒，当地草地类型主要为矮蒿草+薹草+针茅草甸群落，植物多丛状生长，且植株本身比较矮小，故而如果没有精确测量，牧民很容易对植被覆盖度下降和植株矮化的感知不明显。

经过对不同指标的加权计算，三江源牧民对当地草地生态退化的综合感知指数为 4.048。反映了牧民已经感知和认识到了三江源草地生态退化现象及后果，但感知程度仅仅停留在一般水平，因此亟待加强对生态环境保护知识的宣传，提高牧民对生态退化的认知，并在政府的合理引导下激励牧民主动实施生态保护行为，全面推进生态保护战略必要而紧迫。

（2）三江源生态客观环境退化现状与主观感知比较

牧户的退化感知是一种主观认知行为，是生态保护行为响应的前提和基础，并且与客观的退化现状有着一定的差异和偏离，因此本书引用邵全琴等（2010）对三江源草地生态退化格局的研究成果，并与 4.1 节计算的退化感知的均值结果进行了对比，结果见表 4-6。

表4-6　三江源草地生态退化格局与主观感知比较

指标	玛多县	玛沁县	甘德县	泽库县	同德县	玉树县	囊谦县
退化感知均值	7.194	5.317	6.928	4.781	3.126	3.147	3.842
草地生态退化格局	大范围中度持续退化沙化区	小范围轻度连续退化区				中等范围中轻度连续退化区	

结果表明：三江源牧户的退化感知与草地生态退化格局基本一致，玛多县退化最严重，牧户的退化感知度也最高；而同德县、玉树县和囊谦县属于中轻度退化区，牧户的退化感知度也最低，几乎感知不到退化；玛沁县、甘德县和泽库县虽然属于轻度退化区，但近几年由于气候干旱、降水少，加之工程建设的影响，退化程度有所增加，牧户的退化感知也表现出差异。同时本书研究揭示出，牧户对草地生态退化严重的感知较强，而对轻度退化和退化趋势不明显区域的感知较弱，事实上，这些暂时属于轻度退化的草地生态环境，更属于生态敏感区域，如果没有引起足够的生态安全的认知，重视和加强生态保护，极有可能导致更进一步的破坏和退化。

（3）三江源不同区域牧户退化感知与生计和生活满意度比较

三江源不同区域牧户对当地草地生态退化感知差异较大，本书选择了玛多县、玉树县①和泽库县分别代表三种退化格局（退化沙化区、轻度退化区、中轻度退化区）和三种生计方式（放牧、放牧+虫草、放牧+虫草+副业），比较了三江源牧户的生计多样化程度和生活满意度及其对生态环境的退化感知度（李惠梅和张安录，2015），结果如图4-2所示。

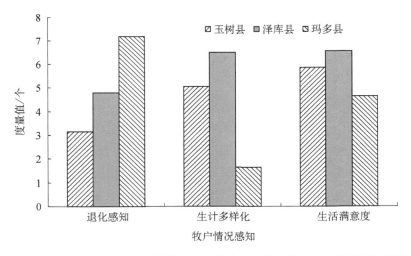

图4-2　三江源牧户的生计多样化、生活满意度及其对草地生态退化感知比较

---

① 选择玉树县作为轻度退化区代表是因为其生态退化在中等范围内为轻度退化，且生计具有代表性，总体具有代表性。

图 4-2 的结果反映出，三江源牧户的生计多样化程度在一定程度上与牧户的退化感知呈负相关。玛多县牧户生计单一（放牧），故牧户退化感知度最高；玉树县及泽库县牧户除了放牧外，还有虫草等其他生计，并且放牧不是主要生计来源，生计多样化程度较高；泽库县牧户除了放牧和虫草生计外，该区域发展旅游业，且 85% 以上的牧户拥有玛尼石雕刻技术，故生计多样化程度最高，同时该区域通过生计多样化减少了对自然资源的直接依赖和利用，减轻了对生态的退化压力和减缓了退化程度，故退化感知度也较低。另外，三江源牧户的生计多样化程度与当地牧户的生活满意度呈严格的正相关，生态退化感知情况在一定程度上与牧户的生活满意度呈负相关。揭示出，牧户的退化感知在一定程度上与牧户的生活满意度呈负相关，生计多样化决定着当地牧户的自然资源利用方式和强度，进而在一定程度上影响着当地生态退化演替趋势，并导致当地牧户的生活满意度和福祉发生着变化。

4.2.3 牧户生态退化感知的主要影响因素分析

4.2.3.1 结构方程模型评价指标选取

本书选用卡方自由比（CMIN/DF）作为模型适配指标、RMSEA 作为残差检验指标、CFI 作为模型契合度指标。温忠麟等（2004）推荐运用 NFI 和 CFI，但 NFI 容易受样本容量的系统影响，因此较少应用；邱皓政和林碧芳（2009）指出 NNFI 因为考虑了自由度，可能会出现模型契合时 NNFI 却不理想的矛盾情形；CFI 却不受样本容量影响，在小样本下对模型的契合度估计仍然十分有效，且能敏感地反映误设模型的变化，故本书以 CFI 作为模型的相对拟合指数。如果潜变量的指标均在 0.001 水平上显著，说明各项指标均能很好地解释潜变量；CMIN/DF 在 1～3，RMSEA<0.08（RMSEA<0.05 说明模型适配优良），CFI、IFI 均大于 0.9 则说明模型适配良好，模型的因果关系存在且可靠。

4.2.3.2 测量模型结果

本书包含牧户个人特征、家庭生活特征、环保知识和生活幸福 4 个外源潜变量和退化感知 1 个内生潜变量。按照结构方程模型的应用程序，对每一修正模型进行模型整体适配度估计之前，都应首先检验模型是否产生违犯估计（吴明隆，2009）。如表 4-7 所示，信度检验结果介于 0.650～0.780，较优修正模型

的估计值显示，标准化系数没有超过或接近 1，没有负的误差变异数，且 5 个潜
变量模型和整体结构模型适配度的检验结果均符合适配值的基本要求，5 个潜变
量的 CMIN/DF 均小于 3，IFI 均大于 0.9，RMSEA 均小于 0.08，表明潜变量是
可靠的、稳定的，用上述 5 个潜变量来探讨结构模型是可行的（李惠梅和张安
录，2015）。

表 4-7　潜变量及模型的适配指标和权重

变量		测量值	CMIN/DF	CFI	IFI	NFI	RMSEA	Cronbach's α
牧户个人特征	县城距离	0.830	2.360	0.990	0.987	0.970	0.063	0.764
	文化技能	0.598						
	外界接触	0.567						
	生计方式	0.541						
	收入水平	0.501						
家庭生活特征	非牧工作	0.051	1.690	0.970	0.979	0.951	0.045	0.650
	人均牛羊	0.052						
	身体健康	0.747						
	宗教信仰	0.234						
环保知识	保护力度	0.219	2.050	0.960	0.950	0.940	0.074	0.720
	信息渠道	0.279						
	环保宣传	0.973						
	生态安全	0.115						
生活幸福	政策公平	0.651	1.656	0.996	0.996	0.990	0.043	0.780
	积极乐观	0.708						
	生活满意	0.535						
	政策满意	0.783						
退化感知	植被覆盖度下降	0.873	2.448	0.982	0.982	0.971	0.065	0.750
	生物多样性下降	0.736						
	鼠害猖獗	0.044						
	黑土滩现象	0.650						
	毒草杂草增加	0.778						
	水土流失	0.006						
	荒漠化	0.755						
	植株矮化	0.908						

测量模型的结果揭示了可测变量与潜变量间的相互关系，归纳分析如下。

1）牧户对生态退化的感知主要来源于对很多建群种（矮蒿草+薹草+针茅）和伴随种（麻花艽+龙胆）的植株矮化（标准化路径系数为 0.908）、植被覆盖度下降（标准化路径系数为 0.873）、棘豆和蒿属等标志退化的植物增加（标准化路径系数为 0.778）、荒漠化（即水源涵养功能下降，标准化路径系数为 0.755）、生物多样性下降（标准化路径系数为 0.736）等重要的环境退化可测变量的认同上，说明三江源草地生态退化程度越严重，退化趋势越明显，牧户的感知度越高。

2）牧户距离城市或县城的远近（标准化路径系数为 0.830）是影响牧户特征潜变量的主要因素，说明在城市及其附近的牧民，一方面，距离城市较近的牧民拥有更多的生计机会；另一方面，外界接触较多，对各种信息的获取渠道广泛，环境相关知识也较丰富。另外，牧民的收入水平、生计方式和牧民拥有的文化技能等变量的影响程度类似，牧民拥有草场面积越大，收入水平越高，说明对生态环境的依赖程度也越高，生计单一化模式下对生态退化影响较大，也越有可能在对生态退化感知的回答中出现偏差，这一实证结果与实际情况高度吻合。这揭示出，在无法迅速提高牧民的文化教育水平的前提下，通过发展旅游，适度加快城市化发展速度，改善牧民的信息获取能力和促进牧民的非牧生计多样化，是提高牧民的环境认知，并实现主动开展生态保护的关键举措。

3）牧户人均拥有牲畜的数量（标准化路径系数为 0.052）是影响牧户家庭生活特征最弱的因素，进一步说明生态退化认知度越高，牧户拥有牛羊的数量越少，是对生态退化认知的响应。非牧工作标准系数也较低，说明三江源牧民在文化及技能不高的情况下，打工者很少，也说明牧户的生计主要依赖草地生态环境（如放牧或虫草，而在退化的生态保护中，实施限制放牧政策，故三江源牧区的大多数牧户的生计已经演变为虫草，且虫草收入的比例占 95% 以上），亟待提高牧户的生计多样化程度来缓解生态退化现状。牧户家中最大的开支就是医疗费用，故健康变量的影响程度最高。

4）环保宣传（标准化路径系数为 0.973）是影响牧民环保知识获知的最重要因素。三江源区牧民家中普遍靠太阳能发电，从电视和网络获取各种信息的能力相当低，由于牧民普遍不认识汉字，从报纸等媒介获取信息的能力基本为零，对环境保护相关知识和生态安全的认知均来自宣传。不可忽视的是，牧民的宗教信仰中环保知识的影响程度也较大。虽然在牧区宣传难度较大，但加强宣传力度，通过宗教活动的正确引导扩大宣传覆盖面和普及度，让当地牧民认同生态保护的必要性和紧迫性，是获得牧民主动参与生态保护和做出保护行为的重要前提。

5）牧民对政策的满意度（标准化路径系数为 0.783）是影响牧民生活幸福的最主要因素。近几年，三江源实施了生态保护的移民和限制放牧计划，未能有效地解决牧民的生计来源问题，导致许多牧民部分或全部地失去了收入来源，因此，在生态保护战略的响应中，大部分牧民的福利水平下降，故使许多牧民对有关的生态环境政策都相当敏感。在很大程度上，生态环境政策便影响着牧民的生活水平和生活方式，因此牧民对生态环境政策的满意度成为影响牧民幸福感的最重要因素。可见，如何在尊重牧民发展权的前提下，在区域生态保护和牧民的福利不降低之间能做好权衡，制定三江源科学的生态保护战略是实现牧民生活幸福和区域可持续发展的关键。

4.2.3.3 结构模型路径分析

本书研究主旨为探讨牧民退化感知的主要影响因素，依照此主旨构建了结构模型，模型适配指标和权重见表 4-8。表 4-8 的结果表明，CMIN/DF 为 2.37，小于 3；IFI 为 0.89，CFI 为 0.87，均略低于 0.9，模型个别变量之间具有共线性，导致了低适配度。侯杰泰教授认为 RMSEA 很少受样本数量大小的影响，是比较好的拟合指标，且该模型 RMSEA 为 0.045，小于 0.05，说明拟合得非常好，故本书认为该结构模型是稳定的，探讨的因果关系是存在的，本书提出的因果关系模型与实际调查数据契合，图 4-1 的假说模型得到了支持。

表 4-8 三江源牧民草地生态退化感知的主要影响因素分析

测量模型	测量值	CMIN/DF	CFI	IFI	NFI	RMSEA	Cronbach's α
牧户个人特征	0.241						
家庭生活特征	0.205						
环保知识	0.476	2.37	0.87	0.89	0.85	0.045	0.62
生活幸福	0485						

结果表明,牧户的退化感知主要受当地政府对环保知识和生态安全的宣传,及其生态保护力度的影响,标准化路径系数为 0.335。这表明当地牧户对生态安全的认知度较低,主要是由于居住偏远,对各种信息获取难度大、信息量小,各种环境保护和生态安全的宣传力度不够或覆盖面窄(与外界接触少,对环境知识的了解和认知全部来自宣传),充分发挥宗教活动中环保知识的宣传作用,加强环境保护宣传力度,拓展信息渠道,让牧户了解生态安全和环境保护的迫切性和重要性,是三江源生态保护的前提。

牧户的家庭生活特征对退化感知有一定程度的影响。可能的原因是,三江源牧户现在所拥有的牛羊均较少,是对生态退化认知后的一种行为响应的结果;牧户的收入水平直接(放牧)或间接(虫草及生态旅游)来自对生态环境的利用,故对生态退化有着直接的感知。同时,牧户拥有的文化和技能较弱,且生计单一化,长期放牧和语言不通的限制使得与外界接触薄弱,故使牧户特征的潜变量值较小,导致结构方程模型标准化路径系数较小。一个完全可能且合理的原因是,牧户居住地距离城市较远,与外界接触少且文化程度较低,故对生态退化的主观认知存在着很大的偏差;更重要的是,三江源牧户生计单一化,牧户严重依赖当地的生态环境而生存,如果认同存在着明显的或严重的生态退化问题,则可能面临禁止放牧或者禁止挖虫草等政策带来的收入下降及贫困化等风险,因此在对生态退化感知的回答中很大程度上存在着隐瞒和保留,导致牧户的生态退化感知较低,且出现生态退化感知受牧户特征潜变量影响不太高的结果。

值得注意的是,结构方程模型修正结果显示,牧户的生计方式变量与牧户的退化感知潜变量、牧户的生活幸福潜变量的相关性均非常高。这揭示出,牧户的生计方式在很大程度上决定了牧户的退化感知情况,并且决定了牧户的生活满意度和幸福程度;也再次印证了 4.1 节的分析结论——三江源牧户的生活满意度主要由牧户的生计方式决定,并影响了牧户的退化感知,且牧户的退化感知与生活满意度呈负相关。因此,在三江源环境管理和社会经济发展政策制定中,必须重点关注牧户的生计问题,在优化牧户生计的前提下,提高牧户的福祉和幸福感,使牧户主动地参与和支持生态保护,最终实现牧户的福祉改善和环境保护的双赢。

4.2.4 结论与讨论

4.2.4.1 结论

本书以青海省果洛州、玉树州和黄南州等三江源地区的 344 个牧户为样本，将牧户对生态退化的认知进一步具体为植被覆盖度下降、植株矮化（高度下降）、生物多样性下降、荒漠化、水土流失、黑土滩现象、鼠害猖獗和毒草杂草增加八个方面的感知，基于结构方程模型定量评价了牧户对生态退化的认知及探讨了影响牧户认知的主要因素（李惠梅和张安录，2015）。

1）三江源牧户对生态退化的认知程度不高（综合感知指数平均值为 4.048），牧户对鼠害猖獗和黑土滩现象有着较为深刻和鲜明的认知，其次对标志退化植物（毒草杂草）的增加和蔓延、生态环境逐渐荒漠化趋势以及土壤越来越贫瘠有着一定程度的感知。本书的退化感知比张琴琴等（2011）对达日县牧户的退化感知率（76.22%）略低，究其原因可能是牧户受文化知识限制对许多退化指标的感知不明显，导致综合感知指数较低。

2）三江源牧户对生态退化的认知与该区域的退化程度高度一致，并与牧户的生计多样化程度在一定程度上成反比，该研究结论与赵雪雁（2011）的研究结果——甘南牧区牧户的生计资本越大，牧户的生活满意度越高高度一致。因此，改善牧户的生计问题，促进牧户就业和生计多样化是实施生态保护的关键。

3）三江源牧户的退化感知与生活满意度在一定程度上呈负相关，可见生态退化及其牧户的退化感知导致牧民的生活满意度下降，这与 Ferrer-i-Carbonell 和 Gowdy（2007）的研究结果一致，揭示出三江源草地生态退化将影响牧户的福祉，实施生态保护刻不容缓，而制定使牧户的福祉受益并且得到牧户支持和参与的环保政策，更是能否在当地实现可持续发展和保护的关键。

4）首先，三江源区牧户对生态退化的认知程度高低，主要受当地对生态环境保护和生态安全知识的宣传的影响；其次，牧民的生态退化认知在很大程度上受牧户对生态环境的依赖程度及其牧民的生计来源、文化程度和信息获取方便程度的影响；最后，三江源区域的草地生态退化程度将影响当地牧民的退化认知度，进一步影响牧民的生活满意度和福祉，牧户对生态环境相关政策的满意度和支持程度，对牧民的退化认知有着很大的影响，而在很大程度上，牧户对生态环境的认识和响应影响着当地的生态安全。

4.2.4.2 讨论

1）改善牧户的生计问题，促进牧户就业和生计多样化是实施生态保护的前提。牧户作为牧区最主要的经济活动主体与最基本的决策单位，其生计行为决定着资源的利用方式、利用效率，不合理生计方式已成为引起生态退化的最主要和最直接因素（张丽萍等，2008）。当地牧户生计的改善往往驱动着生态系统的正向演替（王成超和杨玉盛，2011），农牧民生计的非农化驱动着森林覆盖率的稳定上升（Rudel et al.，2002），生态旅游等替代生计在保护环境的同时降低贫困和促进区域的可持续发展（Baker，2008）。可见，牧户拥有的生计资产及生计能力影响着他们的生计策略，当地牧民对资源的利用方式和经济管理等行为已成为当地生态环境变化及可持续发展的最主要与最直接的影响因素。三江源区生态退化严重，而当地牧户的生计严重依赖当地生态环境，且比较单一化，受单一化生计的影响，牧民对生态退化的感知较低，更谈不上对生态保护的参与和支持；提高牧户生计能力是环境保护及自然资源可持续利用的根本途径，环境保护政策若不能有效解决农户生计问题，牧民过度利用和破坏环境的驱动因素不能从根本上消除，生态保护将不可能从根本上实现（李惠梅和张安录，2015）。

因此，研究牧户的响应情况及原因，在调查农牧民对生态退化的感知以及对生态保护和恢复的参与性基础上，解决三江源区依赖生态环境而生存的牧户的生计问题，拓展农牧民生计方式，通过优化牧户的生计方式来解决当地生态退化问题，在改善牧户生计问题的基础上制定自然资源管理规划和政策，通过正确引导牧户的宗教信仰、加大环保知识的宣传力度，并真正调动和激励农牧民参与生态保护的积极性，才有可能得到牧户的支持和参与，实现生态保护的战略目标（李惠梅和张安录，2015）。

2）在优化牧户生计的基础上改善牧户生活满意度，是实现区域可持续生态保护的关键。牧户在生态退化感知的基础上意愿参与生态保护响应的前提是，牧户的生活不因参与生态保护而受贫困化的威胁（李惠梅和张安录，2015）。李惠梅等（2013b，2014）的研究表明，生态退化和环境保护往往因资源的利用被限制而使牧户的生计能力受到影响，进而影响牧户的生活和福祉水平，使他们受到生态性贫困的威胁，严重损害了牧户主动参与生态保护战略的积极性。因此，在三江源区域的环境管理和社会经济发展政策制定中，必须重点关注牧户的生计问题，在优化牧户生计的前提下，提高牧户的福祉和幸福感，使牧户主动地参与和支持生态保护，才能最终实现牧户的福祉改善-生态环境保护的双赢（李惠梅和张安录，2015）。

3）三江源牧户对草地生态退化的感知度不高的原因是牧户生计单一化，牧户严重依赖当地的生态环境而生存，如果认同存在着明显的或严重的生态退化问题，则将可能面临禁止放牧或者禁止挖虫草等政策带来的收入下降及贫困化等风险，因此在对生态退化感知的回答中很大程度上存在着隐瞒和保留，导致牧户的生态退化感知较低，且出现生态退化感知受牧户特征潜变量影响不太高的结果。李惠梅等（2013a）研究指出，三江源牧户参与生态保护意愿的高低往往是出于对自身利益和未知风险考虑下被动的响应结果，可见，三江源牧户生态退化感知低的根本原因是牧户因生态退化而导致的福利受损并未得到补偿，牧户不愿意参与生态保护响应。然而生态保护和补偿能否顺利实施的关键在于牧户损失的利益能否得到补偿及其为生态恢复所做的贡献能否得到承认（熊鹰等，2004），更是当地牧户意愿响应生态保护政策及其转变为主动参与式生态保护的核心（李惠梅和张安录，2013a）。因此，充分研究牧户对生态退化的感知、响应以及对生态保护和恢复的参与性意愿，对牧户因生态退化和保护而受到的损失进行科学的生态补偿，使牧户在生态保护的过程中的福祉不受损失，拓展牧户生计方式，改善牧户的生活满意度和幸福感，调动和激励牧户参与生态保护的积极性，实现区域生态保护和牧户幸福的双赢。

4.3   三江源牧民草地生态退化认知与生态保护行为响应机理探讨

认知心理学将外界环境对行为的影响建立在个体认知的基础上，经过评价和编辑信息做出行为选择；行为经济学假定否定群体具有偏好一致性和"选择由外部因素确定"等假设，在认知心理学的基础上结合经济学运用条件概率和风险偏好分析行为，注重人的心理反应及其行为过程理性分析。Edwards（1954）等主流经济学的行为选择认同偏好一致性、理性经济人和效用最大化假设，即理性经济人能够利用掌握的信息来预估将来行为所产生的各种可能性，能够完成最佳的满足自己偏好的决策，最大化自己的期望效用。西蒙于 1973 年将理性行为理解为实质理性，而将以有限理性为基础注重心理、环境、信息变化且充分发挥认知的理性行为解释为过程理性。

随着三江源生态环境的严重退化，2005 年起，政府在三江源实施了（如生态移民、限制放牧、禁牧、围栏育草等）一系列的生态保护政策和措施。然而在此过程中，往往忽略了居民在生态保护行为上的响应，并使得生态保护工作的有效性受到质疑。生态保护战略的实施不能缺失牧民的自觉和主动性保护行为，而应是牧民对三江源牧区生态退化的影响认知下的积极响应结果。因此，本书结合行为经济学的相关理论，探讨了三江源牧户的生态保护行为机理及其行为决策的影响因素，以控制、引导和培养当地牧民的生态保护行为，进而促进牧民合理使用自然资源，为制定三江源自然资源管理规划，全面实现该区域的生态系统恢复和可持续发展提供科学支撑。

牧民对生态退化的认识和响应关系到区域生态经济的可持续发展，国外非常关注个体对环境的态度研究，如 Ferrer-i-Carbonell 和 Gowdy（2007）研究了个体在环境方面的态度对个体福祉的影响，Sauer 和 Fischer（2010）探讨了个体对景观及其多样性的保护态度与生活满意度之间的联系。

国内的相关研究集中在以下几个方面。

1）运用参与式调查方法从牧民的自身特征和拥有的牛羊及草场面积着手，研究牧户对生态环境变化的行为响应，如芦清水和赵志平（2009）从年龄与牧户拥有牛羊的数量等因素研究了玛多县牧户对草地退化的响应差异情况，张琴琴等（2011）探讨了黄河源区达日县牧户对气候变化和草地生态退化的感知和响应情况，阎建忠等（2006）探讨了大渡河上游牧户在生态退化过程中对人口压力、自然灾害和生计的行为响应，但该类研究缺乏定量和计量经济分析。

2）蔡银莺和张安录（2006）、宋言奇（2010）、靳乐山和郭建卿（2011）通过牧户调查，研究牧户的环境意识、生态功能或生态环境保护的认知与支付意愿等，但该类研究缺乏指标的量化分析。

3）马骅等（2006）、穆向丽等（2009）、冯艳芬等（2010）运用 Logisit 模型、Probit 模型和对数线性模型分析了牧户对环境行为的认知及其主要影响因素，但该类研究缺乏机理探讨和经济分析。

4）陈姗姗等（2012）和刘洪彬等（2012）运用马斯洛的需求层次理论和有限理性分析了牧户土地利用行为机理及影响因素，但是受个体的特殊性及其生活环境以及习惯的影响，个体的行为选择往往并非就是理性的或者非理性的，可能是两者在不同条件下的实现或者转化。因此，分析三江源牧户这一特殊群体的生态保护行为响应机理是必要的，对后续环境项目实施具有重要意义。

4.3.1   牧户生态保护行为响应机理分析框架

三江源牧户生活一直依赖草地自然资源，区域牧户经济收入来源为放牧+虫草+副业+打工。但受文化程度和技能及生活习惯的制约，牧户极少能够通过打工来改善家庭生活，少部分牧户通过建筑工地小工和搬运工等简单的、繁重的、不需要技能的体力劳动来获得一定的经济收入。草地生态退化及其生态移民、限制放牧等过程的实施，牧户拥有的牲畜数量明显下降，除玛多县、唐古拉山镇部分牧户仍以放牧为主要收入来源外，三江源其他区域牧户基本上以虫草和副业为主要收入来源，放牧目前大多只是为了满足日常的生活所需。牧户参与生态保护行为存在着诸多的风险：一方面，牧户一旦失去了赖以生存的草地资源，就不仅失去了获得日常生活物资的可能（如牛奶、羊肉等食物及羊毛、牛毛、羊皮、牛粪等取暖物品），同时物价上涨增加了生活成本，使生活水平面临严重下降的风险；另一方面，牧户失去了重要收入来源，如虫草等经济作物获利的可能和将来通过草地资本而进一步发展的机会和可能性，使牧户缺失了参与保护行为后进一步转产经营而发展的重要支持，同时将损失由于草地产权的剥夺或限制而在将来获得产权交易、发展权等其他高额补偿，使牧户在生态保护行为响应中的权益不能保障，发展受到制约和不平衡，陷入贫困化的威胁。因此，牧户在是否参与生态保护响应的决策过程中，往往是在对环境退化的认知，以及对自身面临的各种风险和不确定性进行初步的分析与处理的基础上，进行行为选择。

针对三江源草地生态环境的严重退化格局，在生态退化严重且急需保护的初期，加上政府的宣传和相关补助政策，大部分的牧户在其有限知识的基础上，依据直觉、知觉、外部刺激等表现出非理性而选择生态移民或者禁止放牧等方式，少部分牧户也在从众心理下选择了某种保护方式。按照效益最大化原则，牧户如果参与生态保护行为，必定造成一定的损失，从而将不会产生保护行为响应；实际情况是，三江源89%以上的牧户在明知参与保护行为会带来一定的损失，仍然愿意并且做出了利他性的保护行为响应，可见牧户的保护行为响应似乎并非出于效益最大化原则。Tversky 和 Kahneman（1992）提出的前景理论认为当损失确定时，则表现为风险偏好。三江源已经大范围实施生态移民、限制放牧等措施，牧户对参与保护的损失是有一定认知的，在这种情形下做出的行为选择往往是出于风险态度，在功利驱动下经过慎重思考追求将损失减小到最低。Simon（1956）的有限理性理论认为，行为人的决策不仅受到决策者的技能、价值观、知识水平或能力的有限性等内部因素的影响，还受到环境的不确定性、复杂性、信息的不完全性以及伦理和制度等外部因素的限制，人们的行为理性是有限的，决策的标准是寻求令人满意的决策而非最优决策。三江源牧户受自身文化水平和技能的制约以及自古放牧的生活习惯和宗教知识（不杀生的环保思想）的影响，对生态退化以及选择保护带来的福利减损风险不能准确预知，在大范围实施生态保护的政策下，牧户基于有限理性做出了响应的行为决策。

因此，本书假定三江源牧户的生态保护行为响应是基于不确定性条件下（董志强，2011）和出于公平心理偏好下的有限理性（于全辉，2006），并结合课题组前期试探性调研，运用有限理性和认知-刺激-行为等行为经济学相关的理论，在量化三江源牧民对生态退化的认知情况和保护行为响应情况的基础上，通过 Logistic 模型分析了影响生态保护行为的主要因素，探讨了牧户的认知与响应行为之间的关系，为深层次把握和理解牧户对环境的主动参与保护意愿，以期为制定生态恢复和保护战略及自然资源管理规划提供科学依据。本书认为生态保护行为是在气候变化和人类活动的共同驱动下，导致三江源草地生态退化，牧户基于有限理性，在生态退化感知的基础上，在如生存的需求、可持续发展的需求和对环境舒适性的需要等各种内在需要，以及如环境保护政策的影响等外在的影响下，产生生态保护的响应行为，最终实现牧户对自然资源的需要和草地生态系统的可持续保护的平衡。三江源牧户在草地生态退化中的保护行为响应机理分析如图4-3所示。

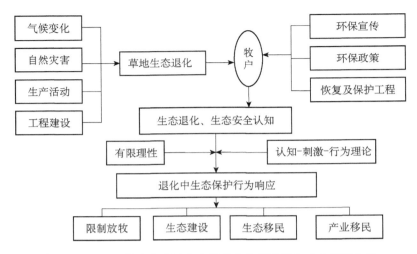

图4-3 三江源牧户在草地生态退化中的保护行为响应机理分析

4.3.2 研究方法——参与式（PRA）半结构的牧户问卷调查

4.3.2.1 调查区域与问卷设计

2012 年 7 月，对黄河源区的果洛州甘德县、玛沁县和黄南州泽库县，长江源区的玉树州玉树县、曲麻莱县和长江源头的格尔木市唐古拉山镇，以及澜沧江源区的玉树州囊谦县的牧民进行了随机抽样调查，开展了面对面访谈。调查对象全部为牧民，以中年男性为主，通过藏族学生翻译和访谈，共获得有效问卷 394 份。多数环境意识研究采用环境知识、环境态度以及环境行为的三个维度"三分论"，本书运用此方法将牧民对环境退化及其保护的认知分解为如下三个维度：①草地生态功能、草地生态退化及其原因、生态安全知识的了解和感知；②牧民是否愿意减少对环境破坏及对参与环境保护的态度；③牧民在生态退化中，为减缓退化趋势和进行生态保护而采取的环境响应行为。

在此基础上，调查问卷内容包括：①调查对象及家庭的基本社会经济特征，包括性别、年龄、文化程度、家庭人口、家庭经济收入来源、家庭草场和牲畜情况。②调查对象对生态退化及保护的感知情况。③调查对象对生态退化原因的认知。④调查对象对草地生态系统的保护态度及响应行为。本书所有数据来自调查的原始数据。采用 Stata 12.0 统计软件对问卷数据做统计与建模分析。

4.3.2.2 退化认知与保护行为相应度

1）草地生态退化的感知：通过牧民对草地植被覆盖度是否下降、黑土滩现象、鼠害猖獗、毒草杂草增加 4 项指标的感知（1 为感知到了，0 为没有感知到或不清楚）来代表牧民的退化感知情况；第 i 个牧民对第 j 项退化指标的感知度为 X_{ij}，然后通过 394 份样本的第 i 个牧民对第 j 项退化指标感知的总和（$\sum\limits_{i}^{394} X_{ij}$）除以 4 项保护感知的总和（$\sum\limits_{i}^{394} \sum\limits_{j=1}^{4} X_{ij}$）来计算第 j 项退化指标感知的权重（W_j），则第 i 个牧民的草地生态退化的感知指数（EDPI_i）为 $\sum\limits_{i=1}^{4} X_{ij} W_j$。

2）草地退化原因的认知：指对气候变化、自然灾害、生产活动、工程建设 4 项原因的认知。

3）牧民保护行为响应：牧户参与生态保护意愿指参与限制放牧意愿、参与生态移民意愿、参与加固网围栏建设等生态建设意愿，以及参与产业移民的意愿等环境保护行为响应的态度。退化保护响应指数的设立与退化感知指数设立方法一致，即依照牧民的愿意程度（1 为愿意，0 为不愿意或不知道）来代表第 i 个牧民对第 j 项因子（项目）的响应度 X_{ij}；然后通过 394 份样本的第 i 个牧民对第 j 项保护行为响应的总和（$\sum\limits_{i}^{394} X_{ij}$）除以 4 项保护行为响应的总和（$\sum\limits_{i}^{394} \sum\limits_{j=1}^{4} X_{ij}$）来计算第 j 项行为响应的权重（W_j）；则第 i 个牧民的草地生态退化的保护行为响应指数（EPPI_i）为 $\sum\limits_{j=1}^{4} X_{ij} W_j$。

4.3.2.3 变量赋值

1）退化感知、退化原因认知和行为响应度：均按照二分变量进行赋值，认为有感知、同意或愿意为 1，没有感知、不知道、不愿意或不同意为 0，对总的感知度、退化原因认知和行为响应度按上文公式进行计算。

2）生计水平：放牧生计=1，放牧+其他经济作物=2，虫草收入=3，有自售商店或车辆运输的=4，家中有固定打工的赋值为 5，如果某牧民家中有多项收入进行累计。

3）生态保护的正外部性认知：对草地生态保护的正外部性、生态安全、生态保护重要性的认识；依牧民的赞成程度由低到高分别赋值1~7（1为完全不赞成，7为非常赞成）。

4.3.3 受访牧民对草地生态退化认知及保护响应度

课题组于2012年7~8月在三江源进行调查，共收集有效问卷356份。其中黄河源区的果洛州玛多县、玛沁县和甘德县及黄南州泽库县和海南州同德县分别回收问卷64份、38份、22份、41份和45份，长江源区的格尔木市唐古拉山镇和玉树州曲麻莱县分别回收问卷39份和34份，澜沧江源区的玉树州玉树县和囊谦县分别回收问卷34份和39份。被调查者中男性占96%，许多女性以"不知道或不懂如何回答"为由推给男性，但在访谈中对有些问题比较认同或者有看法时，会积极地表述和补充自己的观点和态度，表明并非抗拒调查，因性别因素不具有差异性，本书在分析中剔除了性别因素。本书调查的牧民年龄分布集中在45~60岁，受访者中95%以上的牧民都没有接受过正规的学校教育，只有7个受访者文化程度较高，仅占样本的1.8%，其中4个高中，3个大专。本书剔除了教育文化因素，用外界接触程度代表牧民的知识和信息接收水平。受访的牧民中除3户为汉族（和藏族通婚）外，其余均为藏族，且全都信仰藏传佛教，78%以上的牧民对与生态保护有关的教义比较清楚，且日常生活中的"不杀生""不大量买卖牛羊""保护野生动植物""保护和爱护草场"等行为均源于对宗教信仰的虔诚和对"轮回"说的推崇，但宗教指标不具有差异性，且难以量化，故本书未定量地讨论宗教影响因素对牧民保护行为的意义。

4.3.3.1 受访牧民对草地生态退化的感知

本书测算了三江源牧户对草地生态退化的感知和原因认知情况，见表4-9。表4-9的结果表明，三江源牧户的平均综合退化感知度为0.568，说明三江源牧户对草地生态退化有一定的感知，但感知度不高。大部分牧户对鼠害猖獗和黑土滩现象有着比较高的感知度，只有近一半的牧户认为草地植被覆盖度有所下降，而只有小部分的牧户认同草地生态环境中有退化的毒草杂草产生。

表4-9 三江源牧户对草地生态退化的感知

指标	退化感知				退化原因认知			
	植被覆盖度下降	鼠害猖獗	黑土滩现象	毒草杂草增加	气候变化	自然灾害	过度放牧	外来干扰
总得分	169	288	238	114	329	299	136	244
权重	0.209	0.356	0.294	0.141	0.326	0.297	0.135	0.242
平均值	0.429	0.731	0.604	0.289	0.835	0.759	0.345	0.619
感知水平	一般	高	较高	低	高	高	低	较高
综合感知度	0.568				0.694			

4.3.3.2 受访牧民对草地生态退化原因的总体认知

表4-9 结果表明，三江源牧户对草地生态退化的原因感知比较高，平均值为 0.694。92%以上的受访牧户认为草地生态退化的原因是气候寒冷和干燥及自然灾害和鼠害猖獗；而一半以上的牧户认为工程建设和厂矿企业的行为对生态退化有着不可忽略的影响；只有少部分的牧户认同过度放牧或不合理的生产活动会导致草地生态退化。牧民世代生活在草原，受宗教信仰和生态观的影响，居住（帐篷）和生活方式均非常简单，牛羊数量目前较少且仅供自家使用，较少买卖，故非常不认同过度放牧导致草地生态退化，只有35%左右的牧户认为过度放牧也是非常重要的一个原因，74%的牧户认为虫草虽然是重要的和最主要的经济收入来源，但挖虫草只集中在 5～6 月，挖完之后会进行掩埋以便让虫草来年继续能够生长，故极不认同挖虫草导致草地生态退化；而那些没有虫草的地区，如玛多县等的牧民则认为挖虫草对草地生态退化影响较大。牧户对草地生态退化原因的认知回答虽然受生计的考虑和生活水平的限制而有一定的保留性，但是作为草地资源的直接利用者，牧户的回答具有很高的科学性和可参考性。

4.3.3.3 受访牧民对草地生态退化的保护行为响应

本次调查结果表明，大部分牧户，即 92%以上的牧户都愿意参与草地保护，但对草地保护模式的响应却存在着极大的差异，87%以上的牧户赞成通过限制放牧（减少牛羊数量）和生态建设（加固网围栏或轮牧）方式来保护草地，以维持草地的草畜平衡和人地可持续，同时使牧户的生活收入和福利水平不下降或维持在一个相对良好的状态；但对于生态移民模式和产业移民模式，只有不到 1/3 的牧户愿意响应，且选择这两种模式的牧户多为特殊群体，如少牲畜牧户且为家中无人放牧（老年牧户或幼年牧户）或不愿意放牧（青年牧户）的牧户，这两类牧户都更愿意为了享受城市的医疗和教育设施、就业机会和城市文化而选择生态移民或产业移民。因此，本书计算的牧户行为响应度平均值之和并非为 1，计算的保护响应结果，见表 4-10。

表4-10 三江源牧户对草地生态退化的保护响应

指标	生态移民	限制放牧	产业移民	生态建设
总得分	173	295	180	263
权重	0.190	0.324	0.198	0.289
平均值	0.439	0.749	0.457	0.668
响应水平	一般	高	一般	较高
综合响应度	0.609			

表 4-10 的结果表明，三江源牧户生态保护的综合响应度总体比较高，为 0.609。这说明牧户已经意识到生态安全问题，或者受草原放牧习俗及宗教思想的影响，比较愿意响应生态保护计划。行为经济学认为，在面临条件相当的损失前景时，人们通常倾向风险偏好，即对自身福利水平的减少比增加更为敏感，三江源牧户在分析了各行为响应的福利损失后，基于风险偏好和有限理性，往往更倾向选择对自身福利水平损失最小（或者最大化自身期望效用）的行为决策，如限制放牧和生态建设的保护行为，以降低保护行为选择后的福利损失及其贫困风险，尽可能地在保护草地生态的迫切需求下极力维护牧户自身利益的下降或损失程度。据调查结果，牧户人均拥有的牛约为 7.12 头，除玛多县、泽库县、同德县外，其余调查区域的草地中均很少有羊（喜吃草根，故对草地破坏较大），无论是环境保护政策的响应结果还是牧户草原放牧思维的影响结果，都表明了牧户具有一定的保护行为响应意愿，即牧户宁愿因响应生态保护行为而使其自身的福利受损，也愿意响应生态保护计划，无论是出于自身利益受损的最小化而被动、无奈地选择某一种生态保护行为模式，还是出于宗教信仰和放牧生活影响下的主动保护行为，本质上都表明了牧户是比较愿意参与生态保护行为的，但在公平和长远发展的视角下，选择何种生态保护策略，既能得到

牧户的普遍支持和响应，又能不降低牧户的福利水平，最终实现可持续的生态保护是目前迫切需要研究和思考的问题。

4.3.4 牧户的生态退化认知及行为响应差异比较

牧户的生态退化认知在很大程度上因牧户所处的区域及区域退化程度的不同、牧户的生计状况等而存在着很大差异，而牧户对生态退化而产生的保护行为响应也因其认知和生计而存在着差异。

4.3.4.1 牧户生态退化感知差异

本书结合三江源客观退化现状〔引用邵全琴等（2010）对三江源草地退化格局的研究成果〕，以及 4.1 节计算的退化感知的均值结果，分析了牧户在不同退化水平下的退化认知差异情况，以准确理解三江源牧户的生态退化感知程度，见表 4-11。

表 4-11　三江源草地生态退化格局与主观感知比较

研究地点	囊谦县	玉树县	唐古拉山镇	曲麻莱县	玛多县	玛沁县	甘德县	泽库县	同德县
退化感知	0.3694	0.3356	0.7854	0.8401	0.8791	0.6752	0.7092	0.5257	0.3104
退化格局	中等范围中轻度连续退化区		小范围轻度连续荒漠化区	大范围中度持续退化沙化区		小范围轻度连续退化区			
源区	澜沧江源区		长江源区		黄河源区				

表 4-11 的结果表明，三江源牧户退化感知存在着极大的差异，从区域上看，玛多县、唐古拉山镇和曲麻莱县的牧户退化感知度比较高，玉树县和囊谦县及同德县的牧户退化感知度较低；从退化格局上看，退化、沙化区域，牧户的退化感知程度也较高，可见，只有在客观退化达到一定程度时，牧户对生态退化才有感知，而对退化不明显、不强烈的区域，牧户退化感知还很弱。三江源生态环境脆弱而敏感，往往牧户已经感知到生态退化的区域，退化和荒漠化程度也较严重，并且退化趋势存在着难以减缓的威胁，此时再进行生态保护往往需要付出更大的代价。

牧户退化感知是产生保护行为响应的前提，因此，在切身地考虑牧户的利益基础上，加强环境保护知识宣传，提高牧户对三江源草地生态退化的感知度，在退化还未达到难以恢复和控制的程度和趋势时，激励牧户积极主动地参与生态保护行为更有意义。

4.3.4.2 牧户在草地生态退化中的保护行为响应差异

（1）牧户保护行为响应区域差异分析

三江源牧户生态保护响应度平均较高，但区域之间却存在着很大的差异。本书比较了三江源牧户的生计水平、保护响应度和退化感知度，如图4-4所示。

从区域上看，三江源泽库县牧户的保护响应度最高，其次为玛多县、玛沁县、甘德县、曲麻莱县、囊谦县、唐古拉山镇中度退化区、荒漠化区牧户的保护响应度，而玉树县等轻度退化区的保护响应度较低。相比于偏远地区，距离县城或州府较近地区（如玛沁县、玉树县、甘德县、泽库县）的牧户，接收到的各项环保信息较丰富，故退化感知度相对比较高；同时，这些牧户获取非牧业发展的机会比较多，生计水平也较高，故生态保护响应度也明显较高。

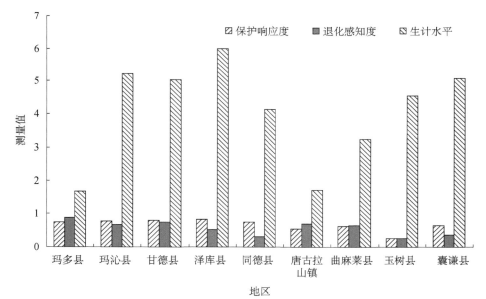

图4-4 三江源牧户的生计水平、退化感知度和保护响应度比较

从退化感知度上看，玛多县、甘德县、唐古拉山镇、曲麻莱县等中度退化区或荒漠化区，牧户的退化感知度较高，其保护响应度也较高；玉树县和囊谦县等中轻度退化区，牧户的退化感知度较低，其保护响应度也相应地较低；而同德县和泽库县等小范围轻度退化区，牧户的退化感知度并不高，其保护响应

度却因生计水平的影响而较高。

从生计水平上看，泽库县、玛沁县、甘德县、囊谦县等生计水平相对较高，故保护响应度也较高。综合分析来看，牧户感知到了生态退化，并认同生态退化将威胁他们的生存时，会被迫地产生生态保护行为响应，这是在退化认知基础上产生的被动的应激行为体现，如玛多县、唐古拉山镇和曲麻莱县等；当牧户的生计水平较高时，牧户的发展能力也较强，牧户不再担心或减少了担心，由于回答认识到了退化或在采取保护行为响应后，将可能产生的利用自然资源而生活的获利减小的威胁变小，牧户也更愿意主动采取生态保护行为响应，这是基于有限理性的主动参与式的生态保护，如泽库县、同德县、囊谦县和玛沁县等。

可见，牧户保护响应度的高低是区域退化感知度及其牧户的生计水平共同影响的结果。退化程度高的区域，牧户的退化感知度较高，这部分牧户基于认知刺激而被迫响应生态保护行为来实现草地资源和牧户福利的可持续；生计水平相对较高的牧户，更有能力和潜力来应对生态保护行为而导致的福利受损，故基于有限理性而主动响应生态保护行为。虽然从保护行为响应的形式来看，这两类行为响应模式并无较大差异，但从长期来看，主动性保护响应必然更有利于三江源生态环境恢复和保护，也对牧户的福利损失影响较小，更容易实现可持续地保护和发展。而被动性保护响应必须通过科学的补偿机制的建立及其政府的大量环保投入，才有可能实现区域的生态恢复及牧户的生活水平不下降，从根本上实现公平与发展；而一旦补偿不到位或相关补偿政策失灵时，牧户的生态保护行为响应将使福利的损失加大或导致生活和发展陷入贫困化，牧户必定为了生存而放弃及抵触生态保护计划，还可能导致更大程度上的生态环境破坏，甚至带来更难以估量的生态灾难，故这一保护模式不具有可持续性。

（2）保护行为响应影响因素定量分析

马骅等（2006）的研究指出，牧户的土地利用方式影响牧户对环境政策的认知和响应，其更深层次的原因是有些环境政策，如禁止放牧、限制放牧等通过规定牧户的土地利用方式来实现环境恢复和保护的目标，但往往这些限制规定明显影响了牧户的生计来源及其生计方式，进而影响牧户的收入和生活水平乃至福祉，因此影响牧户的响应水平。当然，如果牧户能够认识环境退化给他们带来的伤害和损失，还能享受生态环境保护政策给他们带来的好处或者正外部性，则牧户有可能选择保护环境，即牧户的保护行为响应受退化感知和生计水平的影响，同时牧户是否认同生态保护的正外部性也可能是牧户是否愿意响应生态保护行为的一个重要原因。因此，为进一步量化分析牧户的保护行为响应（Response）水平受退化感知度（Perception）和生计水平（Livelihood）以及生态保护正外部性认知（Externality）的影响程度，本书构建了如下模型：

$$Response = \beta_0 + \beta_1 Perception + \beta_2 Externality + \beta_3 Livelihood + \mu \qquad (4\text{-}8)$$

响应度和退化感知度的数据来源于计算结果，正外部性认知数据来源于调查结果，生计水平数据依据调查后的赋值。本书将三江源的全部数据，用 Stata 12.0 进行了多元线性回归分析，回归结果表明，上述假设模型在 95% 水平上显著，假设成立，得到模型如下：

$$Response = -0.1 + 0.0768 Perception + 0.0944 Externality + 0.0547 Livelihood + \mu \qquad (4\text{-}9)$$

本书的模型结果定量地表明，三江源牧户的生态保护行为响应，主要受生态保护的正外部性认知（系数为 0.0944）影响，其次取决于生态退化感知度的高低（系数为 0.0768），生计水平的高低（系数为 0.0547）也是影响牧户保护响应的不可或缺的重要因素。三江源生态保护响应度与退化感知度、正外部性认知和生计水平呈正相关；正外部性认知提高 1% 将使保护响应度增加 5.75%，并且有 95% 的概率会落在 [0.1067，0.1334]；退化感知度提高 1% 将使保护响应度增加 4.68%，生计水平提高 1% 将使保护响应度增加 3.33%。

本书研究揭示出，保护响应是建立在退化感知和生态保护的正外部性认知的基础上，同时受生计水平的制约。一方面，生计水平越高的牧户，往往可以通过打工、副业或者转产经营等方式增加收入，其对自然资源的利用则转变为牛奶、酸奶和肉制品及羊毛等生活需要为主，而不是通过大量养殖和买卖牲畜来获取利润为主要需求或唯一的收入渠道，故对自然资源利用强度的需求不是太高，对草地生态退化产生的威胁也相对较小。另一方面，生计水平较高的牧户对直接利用生态环境而生存的可能性或对自然资源作为生活和生产资料的依赖性较低，在行为选择的过程中越有可能抛开生计威胁的考虑，在退化感知的基础上产生主动性的生态保护行为响应。单一生计型农户只能依赖于草地自然资源的放牧而生存和获利，故在生态退化、物价上涨和生活压力加大甚至对物质享受需求高的情形下，极有可能也容易通过扩大放牧规模来实现生活需求，而使草地牲畜承载力超载进而加重草地生态退化的趋势和程度，对区域生态经济可持续和社会稳定产生极为不利的影响。单一生计型牧户的保护行为是基于生态退化认知下的刺激和公平、可持续发展的有限理性下的被动参与行为，而不愿意响应生态保护计划的牧户则是出于自身能力的限制和对损失预期的风险考虑进行博弈后的行为选择结果。可见，探寻合适的途径，提高牧户的生计水平，不仅是改善牧户生活和防止牧户陷入贫困化的重要途径，更是今后三江源实现可持续性保护、维护西部乃至国家生态安全的关键性措施。研究表明，三北防护林工程和天然林保护工程因没有考虑到当地居民的生计影响，也未能得到当地居民的拥护，这两个环境保护工程的可持续性大打折扣（Cao，2011，2012），既为环境保护项目的未来发展之路敲响了警钟，也为环境保护项目的目标和绩效评价提出了考验，更为三江源环境保护项目必须通过改善牧户的生计来实现生态环境恢复和保护的可持续提供了借鉴经验。

4.3.5　结论与讨论

本书从主体角度，通过牧户对三江源生态退化的感知、是否愿意进行生态保护行为及参与生态保护行为响应三个方面，探讨了三江源牧户在生态退化中的生态保护行为响应机理。结果表明，三江源牧户的生态保护行为是在生态退化感知和生态保护的正外部性认知的刺激下，基于有限理性而采取的福利风险防损型生态保护行为选择模式。牧户是否愿意参与生态保护响应将直接决定三江源生态保护效果及生态退化速度和趋势，开展该研究将有利于推进生态保护战略的有效实施和牧户福利水平的提高，促进社会和谐稳定。

三江源牧户的平均退化感知水平不高，为 0.568。对鼠害猖獗的感知度最高，并且退化和沙化严重的区域（玛多县、唐古拉山镇和曲麻莱县）的牧户退化感知度比较高。牧户认为退化的原因基本上是气候变化的结果。三江源牧户的生计比较单一，对草地生态系统的依赖程度较强，出于生存风险的考虑，只对退化或沙化非常明显的区域才认同存在着一定程度的退化。因此，对生态敏感而脆弱的三江源区域，提高牧户的非放牧型生计多样化程度和发展能力，加强环境保护和生态安全知识宣传，提高牧户的退化感知水平，才能进一步在认知刺激下产生生态保护行为响应。

三江源牧户生态保护的综合响应度总体较高，为 0.609。牧户对减少牛羊数量为核心内容的限制放牧保护模式、加固网围栏或轮牧休牧等生态工程建设的响应度较高；牧户响应水平随退化感知、退化趋势和生计水平的不同而表现出明显的响应差异。同时，牧户生态保护响应度与退化感知度、生态保护的正外部性认知和生计水平呈显著的正相关，且受生态保护的正外部性的影响最大。牧户的生态保护行为响应一方面是在退化感知和生态保护的正外部性认知的刺激下产生的被动保护行为响应，另一方面是在高生计水平下基于有限理性选择的主动保护行为响应。

曹世雄等（2009）的研究指出，居民环境意识变化的动力部分来自经济收入的增加，表明三江源环境保护项目只有在充分考虑了牧户的福利问题和切身利益的前提下，并且有效地解决了牧户参与环境保护项目的福利损失风险时，生态环境恢复和保护政策及战略才会得到牧户的响应、支持和参与。曹世雄等（2008）的研究深层次地指出，环境保护项目成功的核心动力取决于维持和增加参与项目农民的收入，首先，必须尽快从根本上解决三江源牧户严重依赖草地生态环境而生存的单一化、低水平的生计问题，一方面通过发展绿色经济和产业深加工等延伸产业链方式提高生计水平和增加就业机会，让牧户有能力通过放牧之外的其他方式和途径来获得收入，并改善牧户的福利水平时，牧户才有可能避免响应环境保护项目而使福利受损的威胁，基于机会成本而放弃对放牧型生活方式的依赖而选择响应生态保护行为；另一方面正确地计算牧户在参与环境保护项目中的福利损失，进行生态补偿以保障牧户在环境保护行为响应过程中福利水平不下降和降低生活困境风险的前提下，才有可能刺激和鼓励牧户主动地响应环境保护行为。其次，政府必须坚决取缔对生态保护影响较大的工矿企业以减少对环境的破坏程度，并因地制宜地使用多种有效的生态保护措施，坚定不移地加大保护力度；同时加强科学地核算生态保护的正外部性的意义研究，并以福利损失和保护外部性之和为补偿标准建立科学的生态补偿机制，在公平原则下对牧户因参与生态保护响应而产生的福利损失和生态保护产生的效益进行补偿，使牧户在生态保护中受益，才可能真正地激励牧户主动参与和支持环境保护项目。最后，通过充分重视环保知识在宗教信仰、日常环境教育宣传中的重要性，加大环境保护和生态安全知识的宣传，提高牧户生态退化感知和生态安全知识认知度，才有可能激励牧户在有限理性下，主动地选择对其福利水平趋利避害的生态环境保护行为，有效地促进生态环境的恢复，最终实现牧户生活幸福和自然资源可持续保护的良性循环。

本书仅仅基于认知-刺激-行为理论和有限理性理论而提出的假设，通过对牧户生计水平、保护外部性认知和退化感知分析探讨了牧户的保护行为响应情况，而牧户的教育水平、收入及其牲畜资本情况，以及补偿因素等外界的各种相关因素等有可能影响牧户的行为响应和选择本书未讨论，使结论可能存在着局限性和不完善性；草原牧户的行为选择可能受其宗教因素的影响，也可能是效用理论和认知理论及其草原放牧和宗教行为逻辑的混合或者博弈的结果，本书未能详尽探讨；一方面出于对未来生计的担忧，牧户对退化的感知和保护行为的响应的回答存在着一定的隐瞒；另一方面牧户因教育水平的受限而对环境保护项目存在着严重的服从行为，同时行为响应度又比较高，为分析保护行为选择逻辑增加了一定的困难，使本书的计算结果可能存在着一定的误差，但是我们的研究结果仍然能在一定程度上揭示三江源牧户的行为选择逻辑，也能为今后的政策制定提供一定的科学参考。

4.4 三江源草地生态退化中牧户的生态保护行为研究[①]

生态保护行为响应研究一方面缺乏对各影响因素的计量分析，另一方面尚未进一步探讨牧户行为的选择机制理论和经济分析，更未涉及对个体福利的研究。

三江源牧户的特殊性及其生活环境以及习惯的影响，个体的行为选择往往不局限于简单的利益最大化原则，也并非就是完全的非理性，可能是效用理论下的利益最大化与宗教信仰影响的完全的非理性选择机制在不同条件下的实现或者转化。因此，针对三江源牧户的生活环境、宗教信仰以及生活习惯和外界的各种影响，分析牧户的生态保护行为是必要的，本书结合行为经济学的相关理论，探讨了三江源牧户的生态保护行为决策的影响因素，以准确界定牧户选择不同保护模式的关键影响因素，制定相应的生态经济政策和管理规划，通过有效管理和引导当地人群的行为以促进牧户积极主动地参与生态保护，保障该区域生态保护的

---

① 本节部分内容来自课题组阶段性成果《牧户响应三江源草地退化管理的行为选择机制研究——基于多分类的 Logistic 模型》（李惠梅等，2013b）。

可持续实施，为全面实现生态经济协调发展提供科学支撑（李惠梅等，2013b）。

4.4.1　牧户参与生态保护行为响应的理论框架构建

结合行为经济学的相关理论、生态保护行为选择的具体实践和调研，通过梳理和归纳，影响三江源牧户参与草地生态保护的行为选择是内外部因素综合作用的结果。内部因素主要是牧户进行放牧生产生活，即生计资本相关的各种特征因素，主要包括自然资本、物资资本、人力资本、社会资本和金融资本（Sen，1999；DFID，1999）。牧户拥有的自然资本（草场面积、草场质量）越大，则牲畜数量越多，牧户的收入水平往往也越高，此时牧户往往基于收益最大化原则选择放牧及过度放牧等生产活动，生计趋向于单一化（放牧），参与生态保护的可能性就小；牧户拥有的人力资本（劳动力、知识、技能）中，放牧劳动力（知识技能较低或为零）的数量越大，牧户参与生态保护的概率往往越小，而牧户拥有的智力资本（知识技能）越高，从事非放牧型生计和拥有多样化生计的可能性越大，创收能力也越高，牧户的能力越强，选择机会也越多，因此理性地、主动产生生态保护意愿并选择对草地生态环境依赖程度小的生态保护行为的概率就越大。同时牧户拥有的金融资本和社会资本越多，牧户的行为选择机会越多，选择能力也就越强。外部因素包括牧户所在区域的特征及三江源草地生态保护和补偿的相关影响因素（李惠梅等，2013b）。

4.4.1.1　牧户应对行为选择的风险——生计能力

牧户参与生态保护的风险是重要影响因素之一。一般地，牧户愿意保护并选择的生态保护行为模式的风险越高，往往成本越大，牧户此时的行为选择机制就比较复杂、不确定。三江源牧户受传统的藏传佛教中"众生平等""轮回"说等教义的影响，牧户普遍愿意保护生态环境并为此做出一定的牺牲；除年轻人外的大部分三江源牧户普遍不懂汉语，且没有其他技能，以草地放牧或草原经济作物为主要生计。按照DFID（1999）可持续生计框架，牧户的生计资本不仅是指牧户拥有的自然资本（如草场、牲畜）和人力资本（劳力、技能）、金融资本、社会资本和物资资本，更是指家庭或个人拥有的选择机会、采用的生计战略及所出的风险环境，结合Sen（1999）的能力理论可以将牧户的生计资本理解为牧户所拥有的可行能力及选择机会，即个体的福祉水平。

Jansen 等（2006）在论述生计问题时增加了地理优势，并作为第 6 种资本，本书用牧户所处的区域优势，即离县城的距离来表示。一般地，牧户家庭所在地离县城距离的远近，即区域因素，一方面代表了牧户所能接触到的各种环境知识和信息的丰富、便捷程度，另一方面标志着牧户是否能相对稳定的打工、从事运输或零售商店等副业的机会大小。通常，牧户离县城越近，对各种政策的了解程度越高，且通过非放牧型生计改善福利的可能性越高，牧户选择生态保护行为响应的机会成本损失越小，也越容易产生保护行为及更愿意选择对草原生态环境依赖性小的保护模式。一方面，三江源气候恶劣且基础设施薄弱，牧户可替代生计战略的机会比较受限，只能局限于畜牧业的生产以及草原产品的采集，牧户的生计趋向于单一化，导致牧户选择保护行为后面对风险的能力下降和牧户的福利受损；另一方面，三江源生态环境本就十分脆弱，故只能通过引进投资等发展绿色经济，以增加牧户的就业机会，提高牧户的生计水平，并改进牧户的福利水平以激励牧户选择受损较小的草地生态环境保护行为，进而促进区域可持续发展。三江源牧户由于文化技能和单一化生计的制约，在面对区域草地生态环境严重退化时拥有的选择机会非常小，只能选择少依赖或离开草地生态环境（减少牲畜或生态移民），且选择参与生态保护行为响应后面对风险的能力并未提高，选择生态保护的结果往往是福祉的下降、机会损失和能力的发展受限，同时面临的风险较大。揭示出，该类特殊人群的生态补偿机制必须建立在福利损失补偿和选择发展机会的平等的基础上，否则福祉均衡和可持续发展将不可能实现。

4.4.1.2 效用最大化还是有限理性

Edwards（1954）等主流经济学的行为选择认同偏好一致性、理性经济人和效用最大化假设。如果假定三江源牧户都是理性经济人，在三江源生态补偿并未能充分补偿牧户损失，生态补偿机制并非足够健全以及选择生态保护后的前景未明确的情况下，牧户将会对选择生态保护后的生活成本增加、生计来源变化所导致的生活水平下降等各种损失应该有明确的预期，此情况下，牧户响应生态保护行为的意愿应该非常低，大部分牧户可能会持观望态度而不愿意参与。但实际情况是，三江源牧户响应生态保护并选择生态移民、限制放牧的比例非常高，可见牧户的生态保护行为并非完全基于效用最大化假设。

Simon（1956）的有限理性理论、Tversky 和 Kahneman（1992）的前景理论认为，人们的行为理性是有限的，行为人的决策不仅受到决策者的技能、价值观、知识水平或能力的有限性等内部因素的影响，还受到环境的不确定性、复杂性、信息的不完全性以及伦理和制度的外部因素的限制，决策的标准是寻求令人满意的决策而非最优决策，认为当损失确定时，则表现为风险偏好。三江源已经大范围实施生态移民、限制放牧等措施，牧户对参与保护的损失是有一定的认知的，在这种情形下做出的行为选择往往是出于风险态度在功利驱动下经过慎重思考追求将损失减小到最低。可见，三江源牧户受自身文化水平和技能的制约以及自古放牧的生活习惯和不杀生的环保思想的影响，对生态退化以及选择保护带来的福利减损风险不能准确预知，在大范围实施生态保护的政策下，牧户是基于有限理性做出了相应的行为决策。

4.4.1.3　牧户行为选择的概念框架

本书运用行为经济学和生计相关理论，结合课题组前期试探性调研，假定三江源牧户的保护行为响应基于有限理性，牧户所处的区域优势不仅影响牧户的生计选择，进而对牧户的福利水平和风险面对能力产生重要的影响，并通过牧户的生计资本共同影响牧户的生态保护行为决策，框架如图 4-5 所示（李惠梅等，2013b）。牧户拥有的生计资本影响牧户的生计策略，并导致不同的生计结果，进而表现出不同的环境态度和行为选择模式。牧户的生计资本由牧户所在地的环境属性、基础设施和牧户拥有的固定资产决定。环境属性越高，牧户可利用的资源越多，牧户收益越大，环境退化越严重，牧户利用资源的限制越大，三江源生态退化严重且敏感，限制了牧户利用自然资源的权利（区域生态保护战略），本书未专设此变量，用距离代表此特征值；牧户所在区域的基础设施越好，牧户利用资源且实现非放牧型生计和多样化生计的可能性越大，本书用距离变量代表环境基础设施和区域特征；牧户拥有的固定资产越大，牧户的生计选择余地越大，本书用牧户拥有的牲畜数量、放牧劳动力数量、牧户的年龄变量来代表。用牧户的生计水平代表牧户的生计策略，并产生不同的环境行为。本书在此框架的基础上，通过多分类 Logistic 模型分析了影响牧户生态保护行为选择的主要因素，为深层次把握和理解牧户对环境的主动参与保护意愿，以期为制定有利于牧户福利提高和生态经济可持续发展的自然资源管理规划提供科学依据。

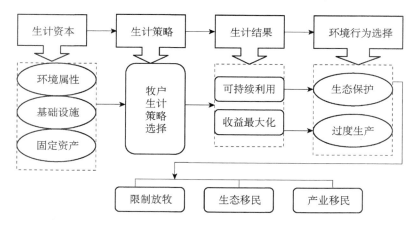

图4-5　牧户生态保护行为的决策与牧户的生计策略

4.4.2　研究方法

4.4.2.1　参与式（PRA）半结构的牧户问卷调查方法

2012 年 7 月，对黄河源区的果洛州甘德县和玛沁县、海南州同德县和黄南州泽库县，长江源区的玉树州玉树县，以及澜沧江源区的玉树州囊谦县的牧民进行了随机抽样调查，开展了面对面访谈。调查对象全部为牧民，以中年男性为主，通过藏族学生翻译和访谈，共获得有效问卷 189 份。本书主要关注牧民在草地生态退化中的生态保护的响应行为，保护行为方式包括区域已经实施的生态移民、限制放牧、生态建设，并且针对三江源青年牧民的就业需求而假设了产业移民方式，展开了调研工作。

在此基础上，调查问卷内容包括：①调查对象及家庭的基本社会经济特征，包括性别、年龄、家庭人口、家庭经济收入来源、家庭草场和牲畜情况。②牧民在生态退化中，为减缓退化趋势和进行生态保护的态度及愿意采取的环境响应行为，将不愿意或没有能力参与保护以及只愿意进行加固网围栏建设而保护的牧户作为参照组，采用 Stata 12.0 统计软件分析牧户选择限制放牧、生态移民和产业移民等方式的影响因素。

4.4.2.2　变量选取及赋值

根据前文的理论分析和假设及调研结果，本书将牧户进行生态保护行为选择的影响因素归结为外部因素和内部因素。外部因素选取离县城距离来表达牧户的就业机会、当地的教育医疗设施及经济发展状况和各种政策与信息获取的便捷和通达程度,内部因素选取牧户的年龄、拥有的牲畜数量、放牧劳动力数量、生计水平和上学子女数来表达牧户的生计资本和创收可能性。在牧区,拥有的放牧劳动力越多,牛羊数量越多,牧户的收入水平也越高,并且牧户的家族实力一般也比较雄厚。而牧户的生计水平更是牧户拥有的文化技能在生产生活中的选择能力的体现,生计水平高的牧户,一般拥有各种资源的能力和选择非放牧型生计以及生计多样化的机会也大,也更能获得较高的收入。上学子女数一方面是家庭为提高文化教育水平的努力结果的体现,另一方面是牧户是否愿意改变现状的表现,在行为选择中牧户为了子女的教育和发展往往选择了使自身效用损失的决策。本书选取的变量能较好地解释三江源牧区的行为选择,具体变量的赋值情况见表 4-12。

表 4-12　变量解释与说明

变量	赋值说明
县城距离	离县城距离>200 km=1;150～200 km= 2;100～150 km=3;50～100 km =4;30～50 km =5;5～30 km =6;<5 km =7
年龄	受访者的年龄
放牧劳动力	家庭实际从事放牧的劳动力数量
人均牲畜	家庭人均拥有牛和羊的数目,为统一只采用人均牛的数量
生计水平	放牧生计=1,放牧+其他经济作物=2,虫草收入=3,有零售商店或车辆运输的=4,家中有固定打工的= 5,如果某牧民家中有多项收入进行累计
上学子女数	家庭实际就读中小学的子女个数

4.4.2.3　多分类 Logistic 模型设定及假设

假设牧户 i 通过最大化效用函数决定是否愿意参与生态保护响应,即个体更关心的是损益的相对水平。V_i 为牧户的间接效用函数,q^0 为未参与生态保护时的福利状态及选择机会(或可行能力),q^1 为参与某生态保护行为后的福利状态,L_i 为牧户拥有的生计资本(包括年龄、知识技能、牲畜、劳动力、生计水平等),SE_i 为牧户偏好的社会经济变量,O_i 为影响牧户选择的外部因素(如生活环境、教育、医疗及就业条件,本书用牧户家庭离县城的距离来表示当地的基础设施和就业环境),μ_i 为没有观察到的各种影响因素,并作为误差项引入效用函数方

程，所以牧户间接效用函数方程为

$$V_i = V_i (L_i, \ q, \ SE_i, \ O_i, \ \mu_i) \tag{4-10}$$

牧户选择参与某生态保护行为的必要条件是牧户的福利状态改善或不下降，且牧户面对的风险损失最小，即 $\Delta q^1 - q^0$ 最小或尽可能最小时，则牧户 i 决定选择参与某生态保护行为的概率为 $P_r = P_r [V_i (L_i, \ q^1, \ SE_i, \ O_i, \ \mu_i) > V_i (L_i, \ q^0, \ SE_i, \ O_i, \ \mu_i)]$。

假设 μ_i 服从正态分布，并假设牧户 i 面对草地生态退化及未知损失风险的情形下，个体有 J 种选择（限制放牧、生态移民、产业移民）的概率为 p、q、r，则选择生态建设或不愿意保护的概率即为 $1 - p - q - r$。因此，牧户选择保护行为的模型为

$$V_i (x:p;y:q;z:r) = \Pi (p)V(x) + \Pi (q)V(y) + \Pi (r)V(z) \tag{4-11}$$

自变量（x:影响因素）对影响 Y 分布的概率（P）的二元离散选择模型为

$$P_r (y_i = m | x_i) = \frac{\exp(x_i B_m)}{\displaystyle\sum_{j=1}^{J} \exp(x_i B_j)} \tag{4-12}$$

其中，$P_r(y_i=1|x_i) + P_r(y_i=2|x_i) + P_r(y_i=3|x_i) + P_r(y_i=4|x_i)$ $\tag{4-13}$

本书假定 $B_1=0$，且 $m>1$，即牧户的行为选择用多分类 Logistic 模型进行估计，当牧户选择第 m 种行为时，概率为

$$P_r (y_i = m | x_i) = \frac{\exp(x_i B_m)}{1 + \displaystyle\sum_{j=1}^{J} \exp(x_i B_j)} \tag{4-14}$$

4.4.3 牧户参与生态保护行为选择分析

4.4.3.1 牧户行为选择结果分析

在 189 份样本中，约有 34% 的牧户选择了减少牛羊以及轮牧等限制放牧的方式进行生态保护，约有 20% 的牧户只愿意通过种草或者加固网围栏等方式进行生态保护或不愿意参与生态保护，即不愿意改变放牧方式或不愿意离开草原的牧户占到了 54% 以上；仅有 26% 和 18% 的牧户分别选择了生态移民和产业移民的方式。牧户放弃草原生活方式，不仅意味着牧户不能通过放牧买卖牛羊以及酸奶和

羊毛等获取收入，而且不能挖虫草及其他经济作物，这使其收入水平大幅度下降；日常生活的必需品，如肉类、牛奶、酸奶和牛粪等均需要购买，提高了生活成本；放弃草原的牧户由于文化与技能的制约和再就业保障机制的不健全，普遍不能实现再就业以实现生存和个人的自我实现，表明在草地生态保护响应中，牧户更愿意选择对福利损失或离开草原的机会损失较小的行为模式。

4.4.3.2　牧户行为选择的影响因素分析

基于 4.4.2.3 节的多分类 Logistic 模型假设，采用 Stata 12.0 软件，将选择加固网围栏等生态建设方式以及没能力参与保护的牧户作为对照组，分析牧户选择限制放牧、生态移民和产业移民相对于牧户不愿意保护或无力保护的人群的概率，最后得到如表 4-13 所示的回归结果。该模型的 Pseudo $R^2 = 0.936$，P 值为 0.000，说明该模型是可信的，能科学地解释假设。

表 4-13　模型估计结果

类别	变量	相关系数	发生比	标准差	z	$P>|z|$
限制放牧	年龄	0.3765	1.457	0.1485	2.53	0.011
	离县城距离	−4.799	0.0082	4.867	−0.99	0.324
	牲畜数量	1.307	3.695	0.7384	1.77	0.077
	放牧劳动力	2.607	13.562	1.496	1.74	0.081
	上学子女数	1.646	5.1867	2.141	2.21	0.027
	生计水平	0.3866	1.472	1.283	0.30	0.763
	_cons	−47.869		15.986	−2.99	0.003
生态移民	年龄	0.4182	1.519	0.1674	2.50	0.012
	离县城距离	−6.175	0.0021	5.00	−1.23	0.218
	牲畜数量	−3.103	0.0449	1.418	−2.19	0.029
	放牧劳动力	−0.2283	0.7958	1.6269	−0.14	0.888
	上学子女数	3.958	52.355	3.19	2.37	0.018
	生计水平	−0.9408	0.3903	1.904	−0.49	0.621
	_cons	−16.325		9.668	−1.69	0.091
产业移民	年龄	−0.177	0.8377	0.2578	−3.91	0.021
	离县城距离	3.937	51.264	4.066	0.97	0.333
	牲畜数量	−6.874	0.0010	2.419	−2.84	0.004
	放牧劳动力	−4.077	0.017	2.695	−1.51	0.130
	上学子女数	−0.5325	0.587	2.850	−0.63	0.527
	生计水平	3.751	42.565	2.439	1.54	0.124
	_cons	13.176		9.922	1.33	0.184

模型结果表明：从年龄上看，老年人比年轻人更趋向选择生态移民或限制放牧方式，而青年牧户更倾向选择产业移民方式；牲畜数量多、放牧劳动力充足的牧户更倾向选择损失较少和较容易驾驭的限制放牧方式，而少牲畜的牧户和无放牧劳动力的牧户则选择了生态移民或产业移民方式；从生计水平和离县城距离上看，生计水平较低且距离偏远（就业机会低）的牧户大部分被迫选择了生态移民或限制放牧方式。具体分析如下。

1）牧户选择通过减少牛羊等限制放牧进行生态保护的行为，主要受放牧劳动力、牲畜数量的正影响和离县城距离的负影响，相关系数分别为 2.607、1.307、-4.799。结果表明，年老的、有较多放牧劳动力和牲畜的牧户更倾向通过限制放牧或者少放牧的方式进行生态保护，年龄每增加 1 岁，牧户选择限制放牧进行生态保护比那些愿意通过生态建设方式进行保护的可能性增加了 46%；而牧户每增加 1 头牛和 1 个放牧劳动力将使牧户选择限制放牧进行生态保护的牧户比那些愿意通过生态建设方式进行保护的可能性分别增加 2 倍和 13 倍。牧户拥有的生计水平比较低也是他们选择限制放牧方式进行生态保护的重要原因，牧户生计水平每增加 1 个单位，将使牧户选择限制放牧进行保护的可能性比那些愿意通过生态建设方式进行保护的可能性要高出 47%。离县城越远的牧户，对放牧方式的依赖越严重，选择限制放牧的可能性越大。因此考虑放牧劳动力的再次就业和提高生计水平以及促进非放牧型生计多样化将是引导牧户逐渐减轻对放牧生计的依赖并缓解草原生态环境的压力，以及改善牧户的福利水平，实现区域生态经济可持续发展的必然选择。

2）牧户选择生态移民方式进行生态保护的行为，主要受年龄和上学子女数的正影响以及离县城距离和牲畜数量的负影响，揭示出选择生态移民的牧户以偏远地区、少牲畜和少放牧劳动力的老年牧户为主，并且牧户选择该方式的重要原因是为了寻求子女上学和老人治病及休养的良好生活条件。少牲畜及少放牧劳动力的牧户选择继续放牧获利较少，选择生态移民不仅可以获得一定的补偿，更是一种低生计水平下基于有限理性为了避免福利损失最小化的被动选择结果。年龄每增加 1 岁将使牧户选择生态移民的方式比那些不愿意进行生态保护的牧户的可能性增加 50%，每减少 1 个放牧劳动力将使牧户选择生态移民的可能性提高 80%。因此，探索和寻求有效的方式，合理地进行生态补偿，通过文化技能培训并强效地安排和分流劳动力实现再就业，以激励那些拥有较多草场、较多牲畜和较多劳动力的牧户主动地参与生态保护，才有可能真正减轻草地生态环境的压力，实现区域生态经济的可持续发展。

3）生计水平比较低、住在偏远地区的老年牧户，一方面居住地偏远，使从事非放牧型的经营或打工的工作机会较少，另一方面受文化技能的制约而被迫选择了生态移民或者限制放牧的保护行为模式；牲畜数量稍多且拥有较多放牧劳动力的牧户，选择限制放牧可以降低高昂的生活成本，并且避免了难以就业和难以适应的风险，因此选择了受限制的放牧以减轻草地生态环境退化的趋势，并使遭受的风险和损失相对较小、对他们更为有利的在草原继续放牧的模式。而年龄较大、牲畜数量较少、劳动力较少、上学子女数多的牧户，一方面牲畜数量和劳动力较少，即生产资本较小，继续留在草原获利大幅度减少；另一方面出于子女的教育和自身不能放牧的考虑，选择生态移民既可以在县城居住方便子女的上学和老人的看病休养，还可以获得相关的补偿来补贴生活，因此选择了生态移民方式，该结论与芦清水和赵志平（2009）对玛多县牧户的研究结果不完全一致，却与邵景安等（2012）对三江源的研究结果一致。事实上，这两种方式对草原生态的压力是有一定的减轻的，但减轻程度非常有限。留在草原的放牧人群，如果没有非放牧型的替代生计作保障，并且补偿不能充分弥补损失的情况下，迫于生活需求和经济发展的需求，势必会逐渐增加放牧规模，那么对草地的放牧压力就不会减轻；考虑如何解决留在草原的壮年劳力分流问题，以及鼓励和引导他们从事非放牧型的就业或打工，通过促进经济发展和收入来源渠道多样化，以解决生活问题至少保证他们选择参与生态保护后的福利不降低，从而逐渐放弃对放牧的单一化生计和生活方式的依赖，减轻草地放牧压力，才是实现草地生态保护可持续的保障。

4）牧户选择产业移民进行生态保护的行为，主要受牧户离县城距离和生计水平的影响，系数分别为3.937和3.751。年轻的牧户不愿意从事放牧，同时更愿意接受新的生活方式，希望通过打工等方式谋得生存，因此年轻的牧户更愿意选择在城市居住或进行产业移民，牧户的年龄每小1岁将使牧户选择产业移民的可能性增加84%。在县城居住或离县城比较近的牧户一方面有更多的机会接触各种环境政策和信息，对选择保护的风险有一定程度的认知，另一方面可以通过经营零售商店或者其他非放牧型生计方式实现生存发展和再就业的机会较多，选择产业移民的可能性也就越大，即在三江源脆弱的生态环境和薄弱的基础设施背景下，引进投资发展经济不仅可以增加市场机会和创造就业机会，还将增加牧户生态保护行为的经济性并促进区域的生态经济可持续发展。可见，提高生计水平和就业率、创造就业机会不仅是改善牧户的生活水平和实现生态保护的重要举措，更是从根本上改变和调整牧户的生活方式，长远地改变区域生态经济发展方式的关键。

5）在控制其他因素的情况下，提高牧户的生计水平 1 个 Logistic 单位将使牧户选择生态移民的概率比选择限制放牧的概率提高近 4 倍，将使牧户选择产业移民相对于牧户限制放牧和生态移民的概率分别提高近 30 倍和 109 倍。因此，要从根本上改变三江源牧户生计单一——生态环境退化—牧户福利水平下降的恶性循环，必须在提高牧户的人力资本（知识技能）的基础上，提高牧户的生计水平和促进牧户生计多样化，改善牧户的福利水平，增加和拓展牧户的选择机会，进而使牧户主动地选择尽可能少地依赖草地生态环境，并且响应生态保护战略计划，实现社会福祉和牧户个体福祉的均衡，最终实现区域的生态经济可持续发展。

4.4.4　结论与讨论

本章通过理论分析并实证研究了三江源牧户选择生态保护的行为决策，既不是完全按照经济学的利益最大化原则，也不是基于风险厌恶的保护行为，而是在生态退化刺激下和宗教信仰的影响下，牧户基于有限理性而形成的特殊的被动行为决策机制。

多分类 Logistic 模型结果表明，年龄较大的、生计水平较低的、较偏远的牧户被动地选择了福利损失和风险较小的限制放牧或生态移民方式，牲畜多、放牧劳动力多的牧户更趋向选择限制放牧方式参与生态保护行为，而少牲畜、少劳力和上学子女数多的牧户出于有限理性选择了生态移民方式。因此，促进生计水平多样化，并支持牧户实现高水平的就业，以保障牧户的生活水平和福利不降低，是真正减轻草原生态环境的压力和实现可持续生态保护的切实有效的保障。

年轻的、生计水平较高、离城市距离较近的牧户更愿意选择产业移民的方式进行生态保护。三江源牧区的年轻牧户将是未来牧区的主体，他们在市场经济冲击下，已经逐渐变得理性化，不愿意从事放牧活动，更倾向打工或者非放牧型生计。他们参与生态保护的关键在于参与生态保护后的补偿方式的合理性以及是否能高效就业。因此,如果在三江源仅仅通过限制放牧或者生态移民工程,没有兼顾到年轻牧户的力量及大部分牧户的利益诉求的话,那么区域的保护效果恐难见效。因此,在牧区加强文化技能培训,依托草原畜牧业发展畜牧业深加工或者生态旅游等绿色经济促进当地的经济发展并创造更多的就业机会,吸引青年牧户逐渐放弃对放牧生活的依赖,才能提高牧户的福利水平并减轻草原生态环境的压力,并激发牧户参与生态保护的积极性和主动性。

三江源气候恶劣且基础设施薄弱,牧户选择可替代生计的机会比较受限,只能局限于畜牧业的生产以及草原产品的采集,牧户的生计趋向单一化,导致牧户选择保护行为后面对风险的能力下降和牧户的福利受损。因此,如何降低牧户选择生态保护行为响应后的各种风险并提高牧户面对风险的能力,科学补偿牧户选择生态保护后所遭受的福利损失,是促进牧户参与生态保护行为及其可持续的关键。为此,政府应该长远地、可持续地考虑牧户参与生态保护后的福利状态,注重提高牧户的非放牧型生计能力和生计水平,以促进牧户自身发展能力的提高和激励牧户主动参与生态保护,使牧户的福利水平与区域生态保护密切关联起来,这样才有可能使牧区的经济得到发展,并保证生态保护的持续和有效地进行,最终实现区域生态经济可持续发展的局面。

本书通过行为经济学理论,分析了三江源牧户运用生计战略如何应对草地生态保护行为决策问题,但是对牧户选用何种生计战略应对草地生态退化后的牧户的福利状态的变化,以及牧户的生计战略、牧户的行为选择及其福利损失和区域的可持续发展问题并未深入分析,有待于在今后进一步研究。

4.5　牧户参与草地生态保护的意愿研究[①]

个体参与环境管理一直是解决环境问题的关键和生态经济研究的热点,更是相关环境政策制定的基础。Wünscher 等(2010)不仅分析了居民对环境保护补偿的参与意愿及其影响因素,并在此基础上建立了接受意愿(willingness to accept,WTA)模型,为补偿标准的确定提供了科学参考;诸多学者运用 Logistic

① 本节内容来自课题组阶段性成果《三江源牧户参与草地生态保护的意愿》(李惠梅等,2013a)。

模型和 Probit 模型分析了牧户对环境行为的认知及其意愿或行为的主要影响因素，但影响因素的选择上差异较大，且对于环境行为参与意愿的经济分析和模型设定尚比较薄弱。

针对三江源生态环境的严重退化，政府在 2005 年实施了生态移民工程、退牧还草和限制放牧等方式进行生态保护。然而环境保护的效果不仅仅取决于政府的行为，更与公众的环境态度有着密不可分的关系（Junquera et al.，2001），在未考虑或未充分考虑牧户的参与意愿下制定的环境保护政策和战略，往往不能得到牧户的积极响应和支持，更谈不上主动参与，并且在一定程度上可能损害了牧户的福利状况而发生抵触或增加政策实施成本，不利于区域的经济和自然环境和谐发展。牧户对环境退化的认识和响应关系到区域生态经济的可持续发展（Brogaard and Zhao，2002），因为忽略了当地政府、社区以及居民在生态保护行为上的响应（Pires，2004）及其缺乏居民的保护行为响应研究往往使得生态保护工作的有效性受到质疑。因此，本书在对牧户生态环境退化及保护外部性认知的访谈基础上，设立参与意愿模型，运用 Logistic 模型重点探讨牧户在生态保护战略下的参与意愿模式及其影响因素，为进一步深层次全面开展三江源生态保护和恢复计划，制定三江源自然资源管理规划，全面实现三江源生态系统恢复和可持续发展提供了科学支撑。

4.5.1 模型假设——Logistic 二元离散选择模型

生态修复项目、环境保护项目一般都可以在一定时间内实现植被覆盖度提高、生物多样性增加和生态系统平衡逐渐恢复的生态功能，但与此同时也会损害当地居民的生计和福利、抑制当地经济发展等（李惠梅等，2013a）。一般个体只有在某一行为选择后他们的生活水平以及满意度能够保持不变或至少不比以前差的情况下，才会选择该行为或倾向该决策，之后的福利状态才是帕累托最优的。尤其是对当地贫困人群而言，因生计比较单一、就业机会少，生态环境的退化往往导致他们的生活和收入受影响，而未充分补偿和考虑牧户生计改善的生态保护项目，则使他们在环境保护项目中可能会遭受着双重贫困的威胁。因此，当地人群的环境态度及其行为决策必然受他们的生计状况和生计选择机会的影响，在能保障他们选择某一环境行为后的生计至少比原来和现状好的情况下，或者生活基础设施（教育、文化、医疗和经济发展水平）使他们的生活改善或更有利于实现就业以保证生活水平不下降的情况下，或者选择某一环境行为后的生活损失及其发展损失被完全能弥补的情况下，牧户才有可能选择该环境行为。可见，决定牧户的生活水平、生计水平的因素都应该是牧户行为的影响因素（李惠梅等，2013a）。

从牧户的个人特征因素来看，牧户的年龄、教育水平等条件首先会影响牧户的收入能力，其次牧户所拥有的生计资本大小（牲畜、劳动力）也决定了牧户在面临风险时的适应能力，再次，牧户所在地的经济发展水平则影响牧户的就业机会和选择可能性，进而决定牧户做出环境行为决策的可能性大小及其行为决策后的风险损失规避能力（李惠梅等，2013a）。因此，在文献阅读和调研的基础上，本书基于最大化效用函数构建了影响参与生态保护行为响应的 Logistic 模型。假设牧户 i 通过最大化效用函数决定是否愿意参与生态保护响应，V_i 为牧户的间接效用函数，q^0 为未参与生态保护时的福利状态及选择机会（或可行能力的大小），q^1 为参与某生态保护后的福利状态，L_i 为牧户拥有的生计资本（包括年龄、知识技能、牲畜、劳动力、生计水平等），SE_i 为牧户偏好的社会经济变量，O_i 为影响牧户选择的外部因素（如生活环境、教育、医疗及就业条件），EP_i 为牧户所在区域的环境政策因素（如环境保护投入、保护力度、环境宣传和环境政策），P_i 为牧户对环境退化及保护外部性的感知，μ_i 为没有观察到的各种影响因素，并作为误差项引入效用函数方程，所以牧户间接效用函数方程为

$$V_i = V_i(L_i, Q_i, SE_i, O_i, EP_i, P_i, \mu_i) \tag{4-15}$$

牧户选择参与某生态保护行为的必要条件是牧户的福利状态改善或不下降。因此，牧户 i 决定选择参与某生态保护的概率（P_r）可以表达为

$$P_r = P_r[V_i(L_i, q^1, SE_i, O_i, EP_i, P_i, \mu_i) \geqslant V_i(L_i, q^0, SE_i, O_i, EP_i, P_i, \mu_i)] \tag{4-16}$$

假设牧户参与意愿的概率符合线性分布，则式（4-16）可以进一步转化为式（4-17）：

$$P_r = \alpha_0 + \alpha_1 L_i + \alpha_2 SE_i + \alpha_3 O_i + \alpha_4 EP_i + \alpha_5 P_i + \mu_i \tag{4-17}$$

假设 μ_i 服从正态分布，式（4-17）便可用 Logistic 模型对牧户愿意参与生态保护的概率进行估计。

满足上述假设的情况下，令 Y 为牧户参与某生态保护的行为响应，$Y=1$ 表

示牧户愿意参与某生态保护行为，$Y=0$ 表示不愿意或不能参与，式（4-15）可以写为式（4-18）：

$$V_i(L_i - Y, q^1, \text{SE}_i, O_i, \text{EP}_i, P_i, \mu_i) = V_i(L_i, q^0, \text{SE}_i, O_i, \text{EP}_i, P_i, \mu_i) \qquad (4\text{-}18)$$

则牧户参与保护的意愿方程可根据式（4-17）具体化为式（4-19）：

$$Y_i = \alpha + \beta_1 L_i + \beta_2 \text{SE}_i + \beta_3 O_i + \beta_4 \text{EP}_i + \beta_5 P_i + \mu_i \qquad (4\text{-}19)$$

式（4-19）中，自变量（x:影响因素）对影响 Y 分布的概率（P）的二元离散选择模型为

$$P(Y=1/x) = G(x\beta) = P(x) = \log it\left[\Lambda(x,\ \beta) = \frac{\mathrm{e}^{x\beta}}{1+\mathrm{e}^{x\beta}}\right] = \Lambda(\alpha + \beta x) + \mu \quad (4\text{-}20)$$

式中，Λ 为 Logistic 分布函数；α 为常数项；β 为系数；μ 为扰动项。

则 Logistic 的样本对数似然函数为

$$\ln L(\beta / y, x) = \sum_{i=1}^{n} y_i \ln[\Lambda(x, \beta)] + \sum_{i=1}^{n} (1 - y_i) \ln[1 - \Lambda(x, \beta)] \qquad (4\text{-}21)$$

对式（4-21）进行模型运算并得到各自变量的偏边际效应（$\hat{\beta}_{\text{MLE}}$）来解释各自变量的影响程度。

4.5.2 参与式（PRA）半结构的牧户问卷调查

4.5.2.1 调查区域与问卷设计

2012 年 7 月，按照退化程度（分为重度和轻度）以及各州府所在地及附近典型区域，在黄河源区的果洛州玛多县、玛沁县和甘德县，黄南州泽库县，海南州同德县，长江源区的玉树州玉树县，以及澜沧江源区的玉树州囊谦县等区域，对牧民进行随机抽样调查，通过藏族学生与牧民展开面对面访谈，共获得有效问卷 283 份（李惠梅等，2013a）。多数环境意识研究采用环境知识、环境态度以及环境行为的三个维度"三分论"，本书运用此方法将牧民对环境退化及其保护的认知分解为三个维度：①草地生态功能、草地生态退化及其原因、生态安全知识的了解和感知；②牧民是否愿意减少对环境破坏及对参与环境保护的态度；③牧民在生态退化中，为减缓退化趋势和进行生态保护而采取的环境响应行为。

在此基础上，调查问卷内容包括：①调查对象及家庭的基本社会经济特征，包括性别、年龄、文化程度、家庭人口、家庭经济收入来源、家庭草场和牲畜情况。②调查对象对生态环境保护的外部性感知情况。③调查对象参与草地生态系统保护的意愿。本书所有数据来自调查的原始数据。调查地点及有效问卷量见表 4-14，采用 Stata 12.0 对问卷数据做统计与建模分析（李惠梅等，2013a）。

表 4-14　调查地点与有效问卷量

源头地区	调查地点	取样点	有效问卷量/份	占总样本比例/%
黄河源区	果洛州	玛多县	64	22.62
		玛沁县	38	13.43
		甘德县	22	7.77
	黄南州	泽库县	41	14.49
	海南州	同德县	45	15.90
长江源区	玉树州	玉树县	34	12.01
澜沧江源区		囊谦县	39	13.78

4.5.2.2　变量赋值

1）牧户的环境保护外部性认知：依照牧户对草地生态退化过程中的保护是否对牧民有好处的回答来代表牧户对保护外部性的认知（1 为没有任何好处，4 为一般，7 为非常有好处）。

2）牧民保护参与意愿：依照牧户参与生态保护的愿意来代表牧民对草地生态退化的保护行为响应意愿（1 为愿意，0 为不愿意或没有能力参与）。

3）其他主要影响因素变量赋值：影响三江源牧户保护行为响应意愿的因素，不能局限于其他地区研究结果中的年龄、受教育程度、是否有补偿及政策满意等因素，需要在调研的基础上借助计量分析进行深层次分析。本书根据三江源牧户特点调查数据和 4.5.1 节的模型假设，将牧户参与生态保护的行为影响因素分为内因及外因，内因包括牧户个人特征、牧户家庭特征，家庭特征中包括牧户从事非放牧型的就业发展能力（用生计水平表示对牧业的依赖程度、生计来源、是否打工等）；外因包括经济水平（用工作机会代表旅游经济发展状况和产业发展水平）、生活条件（用气候舒适度表达）、环境意识及环境保护与政策等，具体见表 4-15。

表4-15　牧户保护行为响应的变量解释与说明

类别		变量		赋值说明
内因	牧户个人特征	年龄	age	18～25 岁=1，26～30 岁=2，30～40 岁=3，40～50 岁=4，50～60 岁=5，60～70 岁=6，≥70 岁=7
		外界接触程度	contact	依照接触程度由低到高赋值（1为几乎不接触，7为经常接触并打交道）
		健康	health	依照是否有重大疾病反向赋值（健康且无病为7，有重大慢性病为1）
	牧户家庭特征	离县城距离	distance	离县城距离大于 200 km=1，150～200 km = 2；100～150 km=3；50～100 km=4；30～50 km=5；5～30 km=6；小于 5 km =7
		放牧劳动力	labor	家庭实际放牧劳动力数量
		人均牲畜	flock	家庭人均拥有牛及羊的数目，为便于比较分析只采用人均牛的数量
		生计水平	livelihood	非放牧型生计或有打工及其他=1，依赖草地资源生计=0
外因	经济水平	工作机会	job	依照牧户就业机会的回答由低到高赋值1～7（1=非常不满意，7=非常满意）
	生活条件	气候	climatic	依照牧户的满意度赋值由低到高1～7（1=非常不满意，7=非常满意）
	环境意识	外部性	externality	依照牧户对生态保护是否有好处的回答赋值（1=完全没有，7=非常赞成）
	环境保护与政策	环境保护力度	protect	依照政府在当地实施生态保护建设力度的满意度由低到高赋值为1～7
		环境政策满意度	policy	依照对相关环境政策赞成或同意的满意度由低到高赋值为1～7

4.5.2.3　样本分布及初步分析

本次被调查样本中，男性占96%，许多女性以"不知道或不懂如何回答"为由推给男性，但在访谈中有些问题比较认同或者有看法时，会积极地表述和补充自己的观点和态度，表明并非抗拒调查，因性别因素不具有差异性，本书在分析中剔除了性别因素。95%以上的受访牧民都没有接受过正规的学校教育，只有7个受访者文化程度较高，仅占样本的2.5%，其中4个高中，3个大专，本书剔除了教育文化因素，用外界接触程度代表牧户的知识和信息接收水平。三江源牧户普遍拥有牛较少，人均7头左右，放牧劳动力在3～5人，生计来源多为放牧或虫草，生计较单一。除少数牧民拥有驾驶技能和简单的数字计算能力，通过运输和零售商店获得部分副业收入以外，其余牧民再就业的概率非常小。牧户参与生态保护行为存在着诸多风险，一方面生活水平面临下降的风险；另一方面牧民一旦失去赖以生存的草地资源，不仅失去了获得日常生活物资的可能（如牛奶、酸奶、肉等食物和羊毛、牛毛、羊皮、牛粪等取暖物品），更失去了收入来源，失去了靠虫草等经济作物获利的可能。为进一步定量研究影响牧户参与生态保护意愿的影响因素，我们进行了 Logistic 模型分析。

4.5.3   牧户参与生态保护意愿机理分析

从调查情况来看，约 87% 的牧户具有生态保护外部性的认知，但受各种因素的影响，只有 70.56% 的牧户愿意参与生态保护。在区域上，泽库县、玛多县、玛沁县的牧户参与生态保护的意愿相对较高，同时本书发现牧户的生态保护参与意愿与区域的退化程度和生计水平密切相关。生计水平较高的泽库县、玛沁县、甘德县、同德县及退化程度明显的玛多县牧户的生态保护意愿较高，分别为 93.37%、83.9%、82.3%、80.9% 和 87.5%；而轻度退化的玉树县和囊谦县牧户的生态保护响应意愿最低，分别为 34.2% 和 25.9%。

保护意愿与生计的初步分析结果揭示出，生计水平是三江源牧户参与生态保护响应的重要影响因素，生计水平相对较高的牧户具有较高的生态保护意愿，是在政府全面实施生态保护战略下，牧户在对生活风险考虑下基于有限理性做出的转产或放弃及减少草地自然资源利用的主动抉择；玛多县草地退化严重，牧户具有较高的退化感知，是迫于生态安全和在政府主动的保护战略下，产生的被动的生态保护参与意愿。可见，被动性保护方式转变为半主动式的生态保护模式的关键是拓展生计方式并提高牧户的生计水平和就业水平，至少保证牧户选择参与生态保护时的福利水平不下降及保护的效益或因保护而损失的福利能科学地被充分补充的情况下，才有可能引导和激励牧户主动地参与生态保护，也符合我们 4.5.1 节的模型假说。泽库县通过大力发展生态旅游，政府和企业开发石雕产业、畜牧产品深加工等方式提高牧户的就业能力和水平，促使牧户逐渐放弃和减少对草地生态的依赖，提高了牧户的生活幸福感，并实现了生态保护的发展模式，值得效仿和借鉴。

4.5.4   牧户参与生态保护行为响应意愿的影响因素研究

基于 4.5.1 节的 Logistic 模型假设，采用 Stata 12.0 软件，将保护响应参与意愿数据（愿意响应为 1，不愿意参与或不知道为 0）和各影响因素进行 Logistic 模型运算，最后得到如表 4-16 所示的回归结果。该模型的 Prob > chi2 =0.0000，Pseudo R^2 = 0.92，并且运行 estat clas 命令后得到的正确预测率为 97.46%，说明该模型是可信的、科学的，能很好地用来解释问题。模型结果中，限于我们的样本数不是很大，导致部分变量的 P 值不显著，且自变量不显著只是不能用于总体推断，样本还是有解释意义的，以及基于三江源的实际状况和学者的研究成果，仍将这些变量留在了模型中，并进行分析。

Logistic 模型结果表明，三江源气候恶劣程度和牧户离中心城镇的距离与保护响应水平呈负相关，而三江源牧户的外界接触程度、对生态保护外部性认知和生计水平及其牧户所在地的工作机会和当地政府对环境保护的力度呈正相关。因此，根据 4.5.1 节的模型假设和运算公式，三江源牧户愿意参与生态保护行为响应的概率可以按照式（4-22）进行计算和表达：

$P(Y{=}1 \mid$ willingness:age, contact, health, livelihood, distance, labor, flock, job, climatic, externality, protect, policy）

$= \Lambda(-30.7-1.628\text{age}+2.259\text{contact}+1.132\text{health}+1.935\text{livelihood}-2.433\text{distance}-0.804\text{labor}$
$\quad +0.136\text{flock}+1.480\text{job}-0.918\text{climatic}+3.980\text{externality}+2.223\text{protect}+0.467\text{policy})+\mu$

$$= \frac{e^{(-30.7-1.628\text{age}+2.259\text{contact}+1.132\text{health}+1.935\text{livelihood}-2.433\text{distance}-0.804\text{labor}+0.136\text{flock}+1.480\text{job}-0.918\text{climatic}+3.980\text{externality}+2.223\text{protect}+0.467\text{policy})+\mu}}{1+e^{(-30.7-1.628\text{age}+2.259\text{contact}+1.132\text{health}+1.935\text{livelihood}-2.433\text{distance}-0.804\text{labor}+0.136\text{flock}+1.480\text{job}-0.918\text{climatic}+3.980\text{externality}+2.223\text{protect}+0.467\text{policy})+\mu}}$$

$$(4\text{-}22)$$

模型结果揭示出：在控制其他变量的情况下，三江源牧户参与生态保护的意愿主要受牧户的环境意识，即外部性认知的积极影响，系数为 3.980。这说明感知和认同草地生态保护正效益的牧户愿意参与生态保护的概率明显高于那些没有感知到正外部性的牧户。因此，我们应该通过加强教育普及和环境保护知识的宣传及政府环境保护行为，不仅要让牧户充分认识到生态安全的重要性和保护草地生态的意义，更应该通过正外部性的核算以及科学的生态补偿激励，让牧户真正地认同生态保护产生的效益，才有可能促使牧户产生更高的生态保护参与意愿。

表4-16　模型估计结果

参与意愿	相关系数	发生比	标准差	P 值（P>|z|）
年龄	−1.628	0.196	0.813	0.046
外界接触程度	2.259	9.576	1.050	0.031
健康	1.132	3.102	0.679	0.096
生计水平	1.935	6.922	0.706	0.006
离县城距离	−2.433	0.088	0.909	0.007
人均牲畜	0.136	1.146	0.167	0.395
放牧劳动力	−0.804	0.447	0.630	0.189
工作机会	1.480	4.393	0.661	0.025
气候	−0.918	0.399	0.520	0.077
外部性	3.980	53.487	1.341	0.003
环境保护力度	2.223	9.238	2.982	0.008
环境政策满意度	0.467	1.596	0.548	0.394
常数项_cons	−30.703	4.63×10^{-14}	0.615	0.003

牧户参与生态保护的意愿是牧户在受内因和外因共同影响下的一种决策结果。

4.5.4.1 牧户个人特征

牧户的个人特征因素往往是决定是否愿意对环境政策做出响应的重要因素，也是最基础和最基本的影响牧户是否愿意关注环境问题，并对环境政策产生认同，进而做出行为选择的因素。本书选择适合于三江源地区的牧户且能典型代表和揭示牧户特征的健康因素、外界接触程度因素和年龄因素进行分析。

1）健康因素：身体状况较好、与外界接触程度较多的牧户更愿意参与生态保护，且比那些有疾病和较少与外界接触的牧户参与生态保护的可能性分别要高2倍和8倍。事实上，身体多病的牧户劳动时间和收入已经受到了影响，这些人群由于受到能力的限制不愿意参与生态保护。

2）外界接触程度因素：与外界联系紧密的牧户，一方面增加了获知各种政策和环境知识的机会，另一方面更容易放弃传统的放牧生活并接受新事物且表现出强的适应能力，故参与生态保护的意愿较高。

3）年龄因素：年龄对牧户参与生态保护的意愿呈负相关，系数为-1.628，说明老年牧民比年轻牧民参与生态保护的意愿要低，年龄每增加10岁将使牧户愿意响应和参与生态保护的可能性降低20%左右，这与实际比较相符。舒尔茨认为，人的知识和技能是一种人力资本，一般文化程度越高，个人拥有的资源和技能，即人力资本水平也就越高，更容易适应变化和找到新的生存来源。三江源年龄较大的牧户由于文化程度和技能的制约，人力资本水平较低，长期从事并习惯了放牧生活，难于重新找到适合的工作及谋生手段，放弃或减少草地自然资源的利用而适应新的生活方式的成本较高、面临的风险大。因此，出于成本增加和未知风险的考虑，年龄越大的牧户选择生态保护的意愿相对越低。可见，中青年、身体状况好并与外界接触程度较高的牧户具有较大的生态保护参与意愿。

4.5.4.2 牧户家庭特征

牧户的环境保护意愿是其家庭特征在环境保护中对风险预测和规避的反映，是其家庭特征因素在生计能力和经济创收中对贫困风险的适应与应对的能力体现。本书选择对三江源生计和生活生产能力最具有突出意义、能量化并且能揭示牧户家庭特征的放牧劳动力因素、人均牲畜因素、县城距离因素、生计水平因素进行分析。

1）放牧劳动力因素：牧户拥有的放牧劳动力与牧户参与生态保护的意愿呈负相关，放牧劳动力每增加 1 个单位，牧户参与生态保护的概率将下降 45%，即放牧劳动力越多，放牧收入和获利机会将增加，牧户参与生态保护的意愿就越低。

2）人均牲畜因素：牧户拥有的牲畜数量对牧户的参与意愿呈正相关，与赵雪雁（2011）在甘南地区的研究结果有差异，但与芦清水和赵志平（2009）的研究结果，即无牲畜的牧户或少牲畜的牧户更愿意通过生态移民等方式参与三江源生态保护的结论相吻合，且与三江源牧户的实际状况较符合。三江源牧户因生态退化普遍拥有较少的牲畜数量（平均 7 头左右），使收入和生活水平等福利受到了一定程度的损失，在未得到有效改进福利状况的情形下选择参与生态保护，少牲畜的牧户受到的损失将更大，且规避风险能力越弱，参与保护能力的受限则越大。因此，本书中牧户拥有的牲畜每增加 1 头将导致牧户参与生态保护的可能性提高约 15%的结论是有背景和区域限制的，我们也不能得出通过增加牲畜数量提高保护意愿的荒谬结论；相反地，应该让牧户了解生态安全和保护环境的紧迫性，并科学地补偿牧户的福利损失和提供的外部性，同时提高牧户的生计资本和能力进而改善牧户的福利水平，激励牧户主动参与生态保护才是关键。

3）离县城距离因素：离中心城镇的距离每减少 50 km 将使牧户愿意参与生态保护的可能性降低 10%左右。离中心城镇距离越近，牧户教育条件越好，各种信息和知识越丰富，因此出于自身利益最大化的考虑不愿意响应生态保护行为。究其原因，一方面是该类牧户久居城镇气候条件稍好，对草地生态的退化无感知或漠不关心；另一方面是该类牧户就业机会和生计水平也较高，对草地自然资源的依赖比较小，对草地生态的情感维系也较浅，不能享受生态保护带来的正外部性效益，故认为保护应该是政府或其他人群的责任，与己无关，不能产生保护的动机和激励，对保护意愿具有负影响。

4）生计水平因素：牧户参与生态保护的意愿显著地受牧户生计水平的正影响，牧户生计水平是牧户发展能力的体现，具有较高生计水平的牧户比那些生计水平低、严重依赖放牧生计的牧户更有可能适应社会、避免生活困境的风险而基于有限理性愿意参与生态保护,且愿意参与生态保护的概率高6倍。Lamb等(2005)的研究表明,生态修复和生态环境恢复及保护项目虽具有增加生物多样性、改善生态功能和人类生计等作用,然而只有在当地居民接受新技术并且新的经营方式的效益得以显现时才会有效,如果补偿不到位或补偿结束则往往因缺乏经济持续能力反而导致生态环境的进一步退化(Uchida et al.,2005; Cao et al.,2007)。可见,能提高牧户生计水平,继续高额地补偿,让牧户持续获利或福利水平不下降的环境项目,才有可能得到牧户的响应和参与,并实现环境目标和牧户福利目标的一致性改善。

4.5.4.3　外部环境因素

外部环境因素是影响牧户对环境政策认知和对环境行为是否选择的重要影响因素,是牧户个人特征和家庭特征的背景下,有能力响应和参与环境保护行为的牧户和潜在性牧户是否最终选择保护行为的限制性因素。三江源牧户参与生态保护的意愿显著受气候、工作机会及保护力度和环境政策满意度的影响。本书选取了可能影响三江源牧户行为选择的环境保护力度因素、环境政策满意度因素、工作机会因素和气候因素,并进行了相应分析。

1)政府环境保护力度因素:环境保护需要多方参与,尤其是在环境退化明显的区域,更希望所有群体都参与生态保护,需要做出利益让渡的一方,往往存在观望行为。如果政府大力投入,各界也在积极保护环境,就更有可能获得牧户对环境保护政策及计划的认同,并产生保护行为和意愿。政府在当地的环境保护力度对牧户参与生态保护的意愿具有正影响,系数为2.223,说明区域保护力度较大的牧户比政府投入较小的牧户参与生态保护的概率高8倍左右。保护力度越大和保护效益越明显,牧户将越有可能认识到生态安全问题和生态保护的必要性,并增加响应保护的信心,产生趋同心理而参与生态保护。

2)环境政策满意度因素:牧户对相关环境政策的满意度对参与生态保护意愿具有正向的影响,系数为0.467,说明对相关环境政策满意度较高的牧户比那些对政策不满意的牧户选择参与生态保护的概率要高60%。例如,张琴琴等(2011)在三江源达日县的研究表明,牧户出于自身利益的考虑对退化的感知较差且对当地的环境政策完全不认可。因此,在切实考虑牧户的利益前提下制定的自然资源管理政策,才有可能得到牧户的支持、认同并响应,进而实现区域自然资源保护和牧户福利不下降的持续发展局面。

3）工作机会因素：工作机会的多少往往是牧户选择生态保护后能否通过就业、打工等方式来实现经济收入的重要因素，也是牧户行为选择后福利不下降的保障性条件之一。本书研究表明，每增加 1 个单位的工作机会将使牧户参与生态保护的概率提高 3 倍。由于三江源较偏远、经济发展水平较低，区域的医疗条件、教育条件都比较落后，同时受文化程度和技能的制约，工作机会更少，而工作机会少的牧户参与生态保护的意愿就会较低。一般当居民家庭所在地离城镇距离越近时，牧户越能享受到城镇较好的文化教育服务，往往也拥有更多的就业信息和就业机会。因此通过调整产业发展战略和技能培训，增加牧户的工作机会将很大程度上减少牧户对草地生态的依赖，并在工作中增加各种知识和提高自己的能力及扩展人际交往，也就越有可能响应生态保护来改变家乡环境并获得自身的满足和发展，在促进牧户参与环境保护项目的积极性和动力的同时，实现环境保护和牧户的发展等多重效益。

4）气候因素：气候因素不仅是环境退化的决定性因素，更是牧户原来生活区域基础设施和生活条件的代表性因素，也在一定程度上决定了牧户收入来源及其收入的大小，因此影响了区域环境的退化程度和牧户保护行为选择的可能性。本书研究表明，气候比较恶劣区域比气候比较舒适区域的牧户参与生态保护的可能性要高 40%。三江源气候恶劣，生态退化严重，牧户生活生产的损失越大，越有可能产生生态保护的内生驱动力；另外，三江源经济发展受限，外界交流、互动较少，医疗条件、教育条件和就业机会不能满足当地的需要，故许多牧户为了子女能有更好的教育、老人能有更好的医疗和生活条件而愿意参加生态移民或产业移民等，产生被动的保护行为。

4.5.5　讨论与建议

三江源自 2005 年投入大量资金和人力开展生态保护战略以来，取得了一定的效果，但在实施之前及过程中几乎是政府主导进行的，没有深入地了解牧户的参与意愿，忽略了个体的真正需求和利益。然而牧户是否真正主动地愿意参与生态保护将直接决定三江源生态保护效果及生态退化速度和趋势，为此，本书从主体角度定量地探讨了三江源牧户参与生态保护响应的意愿及影响因素，这将有利于进一步推进生态保护战略的有效实施，并能解决目前存在的参与生态保护牧户的福利受损的突出问题，针对性地制定相关政策，并促进民族地区生态经济可持续发展及社会和谐稳定。

70%左右的三江源牧户愿意参与生态保护，三江源牧户生态保护行为响应意愿是牧户在外界环境的影响和内部自身特征的共同驱动下的行为决策结果。牧户是否愿意参与生态保护主要受政府对区域的保护力度、牧户与外界接触程度、生计水平及牧户对生态保护的外部性认知等因素的影响，是从众和观望心理下出于对自身的生计能力和生活风险的考虑，在政府主导模式下基于有限理性做出的被动的环境退化应激行为反应结果，而非主动参与保护的决策结果。Cao等（2008）的研究指出，居民环境意识变化的动力来自环境需求（对环境舒适度的要求）的变化，经济收入的增加和受教育水平的提高是诱发环境需求增减的最主要因素。本书假设牧户的生活水平不下降是牧户愿意响应和参与生态保护行为的前提，如果参与生态保护对牧户的生活水平提高或生计改善不利、参与环境保护的补偿机制不完善或补偿尚不能弥补牧户在环境保护中的损失时，牧户将缺少环境保护的动力和诱因，此时部分牧户的保护意愿往往是出于对环境保护政策的被动服从；在短期内这部分牧户的响应可能会在一定程度上带来环境恢复及保护的初步效果，但牧户在生态保护过程中一旦福利产生损失、后续的补偿政策或补偿力度跟不上时，而牧户又无法通过其他生计方式获得收入及改善生活水平时，牧户势必会通过更加疯狂的放牧及开采等环境利用行为来满足最基本的生活需求，有研究也证实了当环境保护项目损害居民的生计时，牧户往往趋向在项目后期或结束后恢复以前的生产生活方式，且因这种环境保护项目而福利受损害的牧户的生产方式的恢复必将对生态环境产生灾难性的破坏，也为如何有效地、长久地实现环境保护的可持续提出诘问。三北防护林工程和天然林保护工程因没有考虑对当地居民的生计影响，未能得到当地居民的响应，这两个工程的可持续性大打折扣。三江源生态保护项目应该吸取教训，从单纯地追求生态保护的效果目标转变为如何考虑并改善当地的居民生活和丰富多样化牧户的生计以保障生活水平的不下降，今后政策制定的关键应该着眼于如何通过拓展生计方式而减少牧户的响应风险，引导牧户从被动地响应转变为主动积极地响应和参与生态保护，这也将是实现有效的生态保护和可持续发展的重要保障。

区域气候较恶劣，但拥有较多工作机会、与外界接触程度高、生计水平高及生态保护外部性认知水平高的牧户参与生态保护响应的意愿较高。只有在充分考虑牧户福利问题和切身利益前提下制定的环境政策及战略，才能得到牧户的响应、支持并选择参与。环境保护项目的实施往往增加了弱势群体（受教育程度低、收入少、老年人群、妇女等）的生存风险。受教育程度越高的居民，就业能力越高，获得稳定性和较高收入的可能性越大，这部分人群在面对环境利用限制（如限制放牧、禁止放牧）而遭受经济损失的过程中，可以通过打工、转产经营等方式来改善生活，也就降低了贫困化和福利下降的风险，因此这部分人群有较高的环境保护项目参与意愿。而本书中，被调查的牧户汉语水平有限，基本上没有接受过正规的教育，也没有高级的、较复杂的技能，这限制了他们与其他民族正常交往和交流的可能，也降低了他们失去或被限制自然资源利用以后通过打工等方式来改善生活和避免贫困化的概率及可能性，也就决定了在环境保护项目中这部分牧户的福利损失更大，且贫困化的风险和程度均被加剧，即三江源牧户在环境保护项目中，更需要补偿和帮助以避免贫困化，他们的生活和生计更应该被重视，以保障他们在环境保护项目实施过程中和后期有新的或更有效的生计方式来改善生活，并持续地参与环境保护项目。Cao 等（2007）的研究深层次地指出，环境保护项目需要的是成功与效率而不是规模，环境保护项目成功的核心动力取决于维持和增加参与项目农民的收入，因此准确定义福利的内涵并科学的评价牧户的福利损失及其进行补偿显得极为迫切而必要。

在前文的结果分析和讨论的基础上，本书提出如下五点政策建议和自然资源管理方向。

1）政府必须迫切地从根本上解决三江源牧民严重依赖草地生态环境而生存的单一化、低水平的生计问题，通过发展绿色经济，如借助三江源独特而奇美的自然风光及神秘的宗教文化发展生态旅游和文化旅游，通过技术培育药用植物，有计划地借助现代营销手段来调控生产并进行产业深加工等延伸产业链方式，让牧户通过培训和观摩增加自身的就业机会和提高生计水平，只有这样牧户才有可能在提高或不降低牧户福利水平、减小生活困境的风险前提下，主动积极地参与到环境保护行为中来。

2）政府必须因地制宜地使用多种有效的生态保护措施，坚定不移地加大保护力度，起到影响牧户和正确引导牧户的作用；同时加强科学地核算生态保护的正外部性研究，并建立科学的生态补偿机制，在公平原则下对牧户因参与生态保护响应而产生的福利损失和生态保护产生的效益进行补偿，使牧户在生态保护中受益，并激励牧户主动支持和参与生态保护战略。

3）只有充分重视环保知识在宗教信仰、日常环境教育宣传中的重要性，加大环境保护和生态安全知识的宣传，提高牧户的环境保护意识，才有可能激励牧户主动地产生参与生态环境保护的意愿，并最终实现牧户生活幸福和自然资源可持续保护的良性循环。

4）可持续发展不应该仅仅是生态环境的保护，更不应该是生态环境得以恢复的同时当地居民的生活陷入贫困化或者冒贫困的风险。我们在强调三江源生态环境安全和保护的战略意义时，也应该高度重视当地人群，尤其是长期、单一地依赖草地放牧而生存的牧户的环境态度及其发展问题，在通过各种产业调整、创造就业岗位和就业技能培训，加强牧区的文化、教育、医疗和其他社会保障等基础建设，使牧户的就业能力、生计能力和创收能力得到提高与保障时，牧户才有可能在福利水平不下降的前提下响应环境恢复及保护项目，并在环境保护项目参与过程中使牧户个体的能力得以发展，防止和降低贫困的风险，实现个体福利和社会福利的均衡。

5）三江源环境保护项目也不应该单纯为了追求国家的生态保护目标，而一味地忽视和损害地方的发展权益，一方面应该适当地鼓励和帮助三江源部分地区发展经济，让牧户的就业机会增加和生活水平改善；另一方面让三江源中下游乃至其他受益地区为三江源保护承担相应的环境责任，在丰盈环保资金以保障环境保护项目的可持续同时，可以让牧户享受生态保护带来的经济好处并产生直接的环境保护动力来参与环境保护项目，以有效地促进三江源生态环境保护的长效性和可持续性，也是实现地区间福利均衡和公平发展的关键。

本书仅仅探讨了牧户的参与意愿问题，而牧户在生态退化中将以何种机制和行为响应生态保护问题将是我们今后进一步探讨和研究的方向。一方面，由于调查样本的限制，没有考虑女性的参与意愿和差异情况，也没有考虑生计资本的构成和生计策略如何影响牧户的环境行为决策，本书的结论尚有许多不完善之处；另一方面，由于调查样本中三江源牧户的受教育水平偏低，既影响了环境政策的认知和了解情况，也影响了牧户的生计水平和环境行为选择，本书的结论存在区域上的局限性，可能对其他地区并不适用，但对了解民族地区的环境行为问题仍然具有一定的启发和研究价值。此外，宗教因素可能是影响牧户行为选择的重要因素，但由于该因素很难量化且牧户宗教因素的差异性不明显，本书没有考虑该因素。最后，本书并未探讨模型假设中的福利状态问题，即牧户参与生态保护是否对其福利水平有影响以及有多大程度的影响，这是影响牧户参与意愿及行为的深层次的原因，也是本书将来继续深入探讨和分析的问题。

第5章　三江源牧户在草地生态保护中的生计分析

　　贫困不仅仅是指收入不足以支持人们满足日常生活的需求，更是指发展能力的缺失或剥夺，即缺少或不具备基本的可行能力去选择和完成基本的生计活动以过上有良好质量的生活。世界环境与发展委员会（WCED）强调了如何通过保持和提高资源生产能力，进而创造更多的谋生机会以满足最贫困人群的最基本需求。可持续生计分析框架通过对特定制度背景下，个人和家庭如何通过一系列生计资产来追求不同的生计策略，使参与制定发展规划的人员可以确立起点并进行有效调节以增进生计，使可行能力得以发挥来减少贫困，改善人类的福祉，并实现发展。有专家认为，可持续生计必须建立在对不同群体的利益和需要都考虑和顾及，并且各利益相关群体尤其是贫困人群共同参与的前提下，优先帮助贫困人群自主选择和确定谋生手段，政府根据不同的社会和环境发展目标提供各种政策、信息以及基础设施建设等支持以最大程度的保障增进个体的可行能力、生计能力和脆弱性处理能力，实现经济-制度-社会-环境的可持续性。

　　可持续生计是以人的能力为中心的缓解贫困的建设性途径。三江源牧户在被动地参与生态保护战略过程中，由于牧户的福祉能力得到限制，牧户的幸福感下降，并面临陷入贫困的威胁。很明显的原因是牧户在参与生态保护计划被移民或定居后，牧户利用自然资源而维持生活的机会被剥夺或被限制，只有增强或改变谋生手段以适应新的生活环境和生产方式，才有可能使牧户的生活质量得以维持或避免陷入贫困。那么牧户的生计是否得到了提高或改进，牧户在面临各种冲击时的应对能力或脆弱性如何，均有待研究。

5.1 可持续生计

生计是谋生的方式，是生活所需要的能力、资产（储备物、资源、要求权和享有权）和活动以及获得这些的权利，并决定了生计结果（Ellis，1998）。英国国际发展部在2000年提出可持续生计框架，指出了根除贫困的潜在机会和途径——家庭通过运用财产、权利和可能的生计策略来追寻更宽广、更多样化的生计，促进发展的机会，并实现个体和社会的福祉最大化。

5.1.1 生计资本

DFID（1999）的可持续生计框架（图5-1）指出，生计资本由自然资本、金融资本、物质资本、人力资本和社会资本组成，Jansen 等（2006）在论述生计问题时增加了地理优势，并作为第 6 种资本，通过这 6 种资本的组合实现最大化的选择效益。往往生计资本越多的家庭，具有更多的选择权及较强的处理胁迫和冲击、发现和利用机会的能力，越能够在各种生计策略中灵活转换以保护其生计安全（Wilkes，1993；Bebbington，1999；Koczberski and Curry，2005）。生计资本既是牧户开展生计活动的重要基础，也是牧户抵御各种生计风险的重要屏障，利用可持续生计框架进行分析，能够较全面地反映牧户各类生计资本的现状，发现存在的问题并寻找有效解决的途径，保证生计的可持续性。

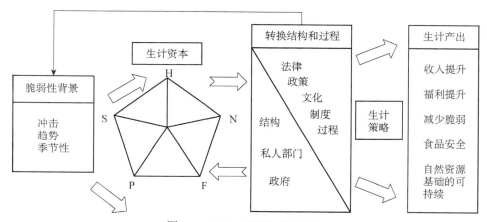

图5-1 DFID 可持续生计框架

H 为人力资本；N 为自然资本；F 为金融资本；P 为物质资本；S 为社会资本

1）自然资本：既是指家庭所能利用的自然资源，也是指能得以实现牧户的生计资源流及相关服务，包括土地资源、气候资源以及生物多样性和生产能力等。一个地区自然资源的丰富程度和特殊产品的产量、价格等决定了牧户所拥有的生计能力大小，同时也决定了牧户在面临损失风险、各种不确定性的脆弱性环境冲击时的承受和恢复能力，更是牧户福祉不损失的根本性保障。自然资本最容易受到季节性和气候变化、自然灾害的严重影响，因此，在生计多样化程度不高的情况下，牧户的生计对自然资源的依赖非常强，牧户的自然资本生计能力最容易受到冲击和考验，在面临各种自然灾害、生态环境格局退化及荒漠化严重、牧户运用自然资源的权限被剥夺或被限制及衍生的诸如生态环境保护和经济发展政策等脆弱性环境的冲击下，牧户的生计能力将受到极大的威胁，使牧户的能力被限制，最终使牧户的福祉下降，陷入贫困的威胁和面临生计安全的风险。

2）物质资本：是指牧户用以维持生计和生活的生产资料、基础设施，既包括进行生产，即提高生产力和收入的土地、草场、牲畜（牛羊）、农具和机械等生产资本，也包括为维持生活，即舒适生活所必需的房屋、电器、汽车等生活用具和基础设施。牧户拥有的物质资本大小是牧户生计大小和能否提高的基础，同时也是牧户应对脆弱性环境并得以恢复能力的关键。牧户拥有的物质资本越大，说明在面对各种冲击时，牧户越有能力去改变生计方式，并有能力和选择机会去抵御风险，最终实现个体的目标和避免贫困。

3）金融资本：是指为实现生计策略和福祉目标，牧户所能支配和获取的现金收入、贷款支持和资助等。牧户所拥有的和获取的金融资本越大，牧户的生计方式越能多样化，牧户所能实现生计策略的选择的机会越多，也表明牧户的生计能力越强。牧户在面对脆弱性环境冲击时，应对风险损失的能力越强，福祉也越不容易受到侵害，牧户也就越不容易陷入贫困化。同时牧户获取金融资本的支持多少，也是牧户能力大小的反馈，是牧户能利用资源的机会和选择权大小的结果，决定了牧户的生计能力。

4）人力资本：是指牧户自身拥有的教育文化、技能、劳动力，是实现牧户生计目标和生计能力的关键性基础。牧户拥有的教育文化程度的高低，决定了牧户拥有的能力大小和牧户的能力发挥程度，更是在面对各种风险冲击时，牧户选择机会余地和选择能力大小的决定性因素。牧户拥有的技能越丰富、越复杂，牧户越有可能采取多种生计方式实现生计多样性，并有可能获取更多的收益，过更有质量的生活；同时牧户拥有的技能越多，代表着牧户在面对生活环境发生变化时，牧户的适应性能力越强，也是更加有能力来抵御福祉损失的保证。牧户拥有的劳动力多少和劳动能力的大小，直接决定了牧户的收入能力，更是牧户能获取物质资本的直接保障。牧户的人力资本大小是能否实现最积极的生计后果的最基础的生计资本。

5）社会资本：是指牧户为实现生产和生活所拥有和利用的社会关系网络支持，包括参加的社会组织和自身的亲友等社会关系。牧户通过社会资本，不仅可以增强人们的联系，而且在生产和生活活动中以及面临各种脆弱性环境冲击时，可以在经济上、物质上甚至情感上互相信任、支持和帮助，并互相合作以提高能力来应对风险，求得共同发展，维持牧户的生活和抵御各种福祉下降。牧户拥有的社会资本大小，是牧户实现有质量生活的能力大小的体现，牧户拥有的社会资本越广泛，牧户的选择机会和选择能力就越大，牧户也越有可能从多种途径获得支撑来实现生计策略，牧户也越有可能承受各种损失、伤害，并且得以恢复自身的能力，最终实现生活目标和福祉最大化。因此，牧户拥有的社会资本，是牧户实现生计策略和福祉改善的有效支撑。

6）地理优势：是指牧户所在地的环境资源优势，牧户家庭所在地的经济发展水平、基础设施建设。牧户所在地的环境资源优势，决定了牧户所能采取的生计方式和生计来源。三江源以盛产高质量、优良品种的虫草而闻名，且富饶的草地资源养育了大量的牛羊，因此三江源牧户的生计方式以单一化的、依赖自然资源的放牧和采集虫草为主，而如果牧户利用草地自然资源的机会和权力被剥夺，牧户的生计将遭受极大的破坏，牧户如果改变生计策略的能力不足，则牧户陷入贫困的可能性非常大。牧户所在地的经济发展水平决定了牧户能否获得除放牧以外的就业机会的可能性，也就决定了牧户能否实现生计转变的外在条件，牧户当地的经济发展水平越高，能获得各种资金支持的途径越广泛，牧户的生计机会也就越多，牧户应对脆弱性环境冲击的能力也就越强。同时牧户所在地的基础设施建设越完备，越有可能吸引到各种投资，以促进产业经济的发展，增加牧户的就业机会；牧户的教育和医疗支持越大，牧户的人力资本保障和提高的可能性也就越大，同时牧户的福祉也越有可能得到保障。这 6 种生计资本组合起来构成牧户的生计资本，并在面对脆弱环境的冲击下，做出相应的生计策略选择，以实现牧户的个体福祉改善和生活目标。

5.1.2　生计策略

生计策略指为实现一定的生计目标而采取的生计行为、生计方式和生活生产安排及其选择，包括生产活动、投资策略、迁移等，即通过对自身的能力和拥有的生计资产进行衡量后决定采取的一系列生计方案。生计策略一般包括生计多样化、农业集约化、农业扩大化和人口迁移等内容（张丽萍等，2008），生计策略决定了牧户对自然资源的作用方式以及生计结果（Birch-Thomsen et al.，2001）。在经济飞速发展、快速和大规模的城镇化、气候变化、各种生态退化、各种政策或制度安排等剧烈的、脆弱性环境变化的影响下，牧户的生计资本将发生剧烈变化，并诱发牧户生计策略的相应改变，从而通过改变资源利用方式和利用强度，影响当地的生态环境的演替方向，对生态安全、生计可持续性及区域可持续发展等都有着重要而深远的影响。依据可持续生计框架，牧户生计策略的变迁主要取决于环境背景、生计资本、组织和制度等因素的影响；同时产权和政策对牧户生计资本的获取与分配起决定作用，从而影响着生计资本的大小和生计方式以及能实现生计目标的程度，是生计策略的核心。因此，针对三江源生态退化和生态保护战略的推行等环境与政策背景，采用定性和定量相结合的方法，系统分析三江源牧户生计能力大小和可能产生的生计策略变化情况，探寻牧户生计水平的影响因素和关键环节，积极探索牧户在失去和被限制自然资源使用权、生态保护政策对牧户生计策略的影响，将生计策略研究与生态旅游、经济发展方式、生态补偿、区域间利益均衡和责任界定等结合起来，提出相应的自然资源管理模式，才有可能实现区域的可持续发展。

牧户的生计资本投资和生计策略不仅取决于个体的偏好，同时也被周围的生存环境所驱动，而个体在遭遇外界环境诸如退化、季节性和潜在趋势的冲击时所表现出来的能够恢复的、适应的生计能力、生计方式和生计策略的响应，以及生计内在能力对自然资源的承载力可持续性的保持和影响，分别构成了环境可持续和社会可持续性，而面临冲击和压力时个体建立起的适应的内在生计战略尤为关键，是实现长远的社会可持续的关键和核心。牧户的生计状况是指家庭的生计资本或生计资产状况，是家庭拥有的选择机会及家庭所能采取的生计策略的基础，是家庭应对脆弱环境和福祉损失风险的核心。

5.2 牧户的风险与脆弱性分析

个体由于可行能力的不同，拥有生计能力的大小不同以及个体的过往经历和性格等因素的影响，面对如生态退化、自然灾害以及社会变迁时，个体的风险应对策略、个体所遭受的损失和打击的敏感性都不同，个体对灾害进行抵制或恢复的内在承受力不同，即个体的脆弱性大小不同。牧户不得不直接面对环境、政策和经济发展等带来的各种风险冲击，尽管牧户会根据一定的能力、生活经验或者依赖现有的生计资本采取种种生计策略来面对冲击，但大部分的牧户，尤其是那些能力有限、本身较贫困的牧户，以及那些难以充分、迅速地实现生计能力的牧户，仍将遭受无预期的、不确定的收入减少或福利损失，进而导致因支付能力不足形成的生计无保障和生活贫困化等风险。

5.2.1 牧户生计的脆弱性

生计的脆弱性、不稳定性和波动性决定着牧户对生态环境的干预方式以及干预强度，使生态脆弱区人地关系表现出较强的脆弱性、不稳定性和波动性，人地系统始终处于无序状态。故牧户生计的稳定性研究成为全球人地系统及国际扶贫研究的新热点。

世界银行所定义的脆弱性是指遭受和抵御风险的能力，是指家庭面临风险的可能性，以及遭遇风险而使家庭的财富、资产、福利遭受损失，使生活质量下降到某一社会公认水平之下的可能性。Moser 等（1998）认为脆弱性是指家庭缺乏资产而面临的生计风险的增加，进而导致个体的收入下降。Scoones（1998）将生计与政策、脆弱性及福利结合，提出了农村可持续生计框架，认为政策因素通过对牧户生计资本的影响，进而可能会使相关制度影响到经济发展、就业机会、生计适应性和福祉能力等方面，最终对生计产生影响，如图 5-2 所示。

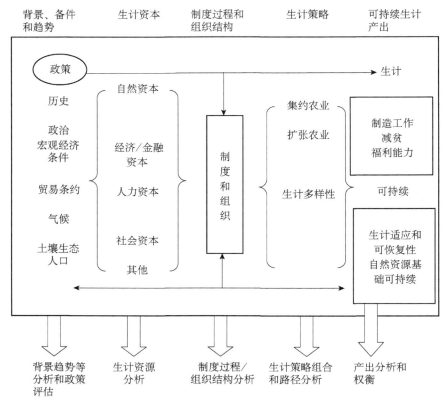

图5-2 农村可持续生计框架

资料来源：Scoones（1998）

Dercon（2001）将牧户的资源、收入、消费和制度安排纳入风险和脆弱性框架中，并认为牧户的风险指家庭的生计资本受损失而产生的资产风险，家庭生计活动、利用资源的机会、经济机会被限制而导致的收入风险，以及资源损害、环境污染和社会文化政策等导致的家庭面临的粮食安全、营养和健康安全、社会排斥和能力被剥夺等福利风险，可见家庭所面临的各种风险是家庭的能力被剥夺后不能发挥、家庭生计资本受损失以及资源利用机会、政策和环境等受限制的结果反馈。黎洁等（2017）对西部地区的牧户生计和可持续发展的研究框架中，认为生计与公共政策和福祉密不可分，改善生态系统服务和生计不仅要关注生计本身，也要关注生态补偿、反贫困政策等对生计的影响，更要密切关注弱势群体的福祉，如图5-3所示。

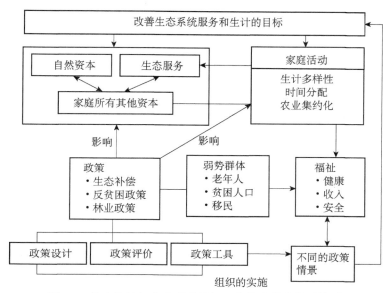

图5-3　牧户生计与生态系统服务、公共政策的作用关系

资料来源：黎洁等（2017）

三江源牧户的脆弱性是指牧户在现有的社会经济发展水平下和生态保护战略的背景下，以牧户拥有的各种生计资本和能力承受、应对、抵御三江源生态退化格局及其各种效应带来的损失的潜能，以缓解或解除牧户所面临的生计风险、福祉风险，并从这些灾害和损失的影响中得以恢复有质量的生活或幸福的能力。脆弱性是牧户抵御风险能力的表征，是牧户应对生计困境的能力反馈。脆弱性分析一般包括受灾度、敏感性和恢复力三个维度，受灾度是指一个地区或群体面临环境变化时受损失的程度，本书指三江源生态退化趋势下，牧户选择生态保护战略后所受的福祉损失大小；敏感性是指对冲击或压力的反映程度；恢复力是指面临冲击或压力时，适应或避免损害的程度。三江源生态退化格局下的脆弱性环境包括冲击、趋势和季节性三方面。

1）冲击：首先牧户必须应对生态退化带来的干旱和荒漠化、自然灾害、鼠害猖獗、草原经济作物减产、牲畜草源不足和病害问题以及物价上涨、经济不景气和生态保护战略等生态、经济和政策的冲击。其次地方政府为发展地方经济采取的引进各种产业，如畜牧业深加工、经济特产交易、矿产企业、生态旅游产业等促进经济发展却对牧户的生计、生活方式、就业、经济收入和生态环境等带来重大影响的各种政策及其后果的冲击。牧户所受的各种冲击，直接使牧户的生计资本发生改变，进而由于个体的能力、选择机会和生计资本的大小采取不同的生计策略，出现不同的生计结果——牧户的损失大小以及福祉变化情况，也是个体能力大小对脆弱性的承受能力及生计恢复能力的结果。

2）趋势：三江源草地生态退化的趋势以及演替的后果。生态保护战略在三江源所表现出的生态保护和适当的发展经济以及经济发展方式和经济发展速度等经济与产业规划等，给牧户带来的是，为西部乃至全国的水源保护牺牲当代牧户的利益，并且迫使他们改变生活方式和转变完全依赖草地生态环境的粗放式的放牧生计策略与生计方式，以缓解草地生态退化的趋势，为子孙后代留下碧草蓝天，国家和水源受益者为他们的损失提供相应的补偿；而地区为了保护环境，只能放弃部分发展权，采取以生态环境保护为优先发展目标，通过适度的发展绿色经济而实现地区生态经济发展。牧户所能采取的生计策略、所能运用的机会和选择受当地生态-经济发展趋势的影响，并影响到牧户能力的发挥与牧户通过生计策略来应对和抵御生态经济发展趋势所带来的损失的能力大小，更影响到牧户的幸福和福祉变化趋势。

3）季节性：三江源气候终年苦寒，植物的生长季节短、植物生长得比较矮、生物产量低，使牧户的放牧活动、经济作物的收集等生计活动受到了极大的限制，牧户的生计资本普遍不高。同时区域生态环境脆弱而敏感，很容易遭受到不可恢复的破坏，在生物生产力不高和牧户生计单一的背景下，牧户势必将扩大生产以弥补季节性和产量不高所带来的收益损失，将使生态环境的压力增加，导致生态退化，更加使牧户的收入下降，陷入退化—过度放牧—贫困的恶性循环中。牧户能力的高低决定了牧户应对季节性和环境冲击的能力，也决定了牧户采取的生计策略，从而影响生态环境的演替趋势和速度，同时牧户的能力和生计资本的大小也是牧户幸福感能否实现和维持的关键。

牧户是在脆弱性的背景中谋生或生存下来并实现幸福的对象，牧户在一定的环境中通过对自身拥有的生计资本和资源的配置与使用的权衡，并采取一定的生计策略，来获得生活的来源，抵御和承受各种损失及其风险，并实现个体的福祉或生活目标。同时，牧户还必须应对生态退化带来的各种环境、经济、社会发展的制度和政策造就的脆弱性环境对生计和能力的冲击，在各种脆弱性背景的影响下，通过可行能力的发挥和生计策略，实现某种生计结果，该生计结果是个体能力的反馈，也是个体在各种生计资本的大小和能力大小及选择机会下的妥协结果，是对政策和环境的响应。

1995 年世界粮食计划署（World Food Programme，WFP）针对贫困人口的脆弱性框架中定义的脆弱性，既指家庭遭遇各种风险因素（如食物安全、资源安全、生态安全、生计安全）的可能性，又指家庭抵御各种风险的能力，还包括家庭所在地的社会服务体系的健全程度和社会发展水平。家庭所面临的风险越高则脆弱性越大，家庭抵御风险的能力越大则牧户所受的损失越小，且脆弱性越低；而社会发展水平越高，越有利于牧户抵御各种风险，则脆弱性越低。牧户在三江源生态退化趋势、冲击和季节性限制下，面临的生计安全风险（生计资本下降，生计能力受剥夺）、粮食安全风险（三江源草地生态退化，使牲畜的食物、牧户的生活必需品产量下降）、贫困风险（生产和生活风险及福祉受损，使个体的能力受损）等因素将增加，风险越高，则牧户的脆弱性越高，牧户的幸福感就越低；而牧户抵御这些风险的能力越强，牧户改变生计的方式的能力和选择机会就越多，牧户的脆弱性就越低，牧户所受的损失就越小；一个地区整体的社会发展水平越高，产业结构越合理、经济发展水平越高，则牧户就业机会就越多，同时一个地区的基础设施建设越完善，牧户的文化水平就越高，人力资本越大，能获得的金融和社会支持就越多，越有可能通过就业来改变生计方式，牧户应对风险的能力和过幸福生活的恢复力就越大，牧户的脆弱性就越低，牧户的福祉损失就越小，牧户面临的贫困风险就越小。

本书认为个体的可行能力越大，个体的生计能力就越强，个体拥有的生计资本、选择权和能力以避免损失的能力就越大、机会就越多，牧户应对脆弱性的能力就越强，牧户所受的福祉损失就越小。牧户获得幸福的能力，在很大程度上取决于他们对生计资本拥有量的多少，并且通过对生计资产的组合和生计策略的选择，来保证生计安全和增强在环境、政策冲击下的损失。因此，我们只分析了牧户的可行能力和牧户的生计大小及策略，以及牧户在生态保护战略中的福祉变化。

5.2.2 牧户生计风险

三江源实施生态保护战略，在区域加强了教育、医疗、交通等基础建设，完善了社会保障体系，并对牧户进行了一定的货币补偿，但忽略了牧户能力的有限性和生计转换的困难性而将面临的各种风险以及相应风险的特征、来源，没有认识到三江源牧户对风险的认知和识别能力较低、不具备风险管理策略、牧户的生计特征使得其难以承受有关政策效果的影响等，更缺乏对牧户风险偏好以及风险处理行为的深入理解，缺乏牧户生计安全的政策设计和政策倾斜的相关帮助和保障措施，将使牧户的生计遭受毁灭性的打击，而且无法实现牧户的生计方式转换，牧户难以承受的生计和福利风险将使牧户陷入贫困化。因此，通过三江源牧户的生计研究和生计风险分析，帮助生计受严重影响的牧户应对生计无法转换或生计水平低、生计方式单一等困境应该成为政府进行地方经济发展和区域可持续发展的重点。

陈传波（2005）运用 Dercon（2001）的风险与脆弱性分析框架将牧户的各类资源、收入、消费、福利以及相应的制度安排纳入风险评价框架中，讨论了牧户可能遭受的各类资产风险、收入风险和福利风险，并指出各种风险交织是贫困地区牧户风险的特点。牧户通过拥有、使用或变卖等处置生计资本来实现生活和生计目标。牧户可以通过草地放牧或经济作物等收益、买卖牲畜等获得不同形式的收入，还可以通过社会资本产生转移收入和经济机会，通过金融资本投资经营产生更大的收益或生计资本等。而牧户获得的纯收入以及一些物质资本不仅可以换取多种消费性商品与服务，实现牧户的健康、教育、营养、居住、医疗、休闲、出行等需求满意，还可以让牧户的生活更舒适，产生更大的满足感和幸福感。如果牧户的各种生计资本遭受风险，如自然资源遭受生态退化、自然灾害、产权变更、制度缺失、政策变革、信息和市场不确定等风险，物质资本遭受盗窃、社会冲突、自然灾害等损失，金融资本遭受通货膨胀或投资风险，文化教育缺乏、疾病等导致的人力资本损失风险，以及各种资产遭受损失后不能运用其他资产和产权被征用等巨大的风险冲击，往往使牧户陷入极大的贫困；而牧户面临的生计资本受损导致的福利、消费生活及生计风险、就业信息不足和岗位有限等就业率低而难以就业并实现生计的成功转换，市场经济不发达或投资经营环境不完善等会阻碍牧户生计突破的障碍，教育医疗文化等社会公共服务的落后导致牧户的人力资本不能满足劳动力市场的需求所致的生计难以实现等同样会成为牧户生计风险的重要来源和决定因素，导致牧户在多种风险交织下难以恢复生计，会在不考虑环境后果和影响下选择牧户能实现的生计（如过度放牧或大量采集虫草）来满足生活需求，并彻底陷入退化—贫困—

退化的恶性循环。因此，如何针对这些风险或限制因素安排制度重构是降低牧户贫困和生计风险的关键切入点。

5.3 三江源牧户参与生态保护的生计能力分析

《千年生态系统评估》（MA）中将生计与生态系统服务及减贫结合分析，如图 5-4 所示，指出生态系统服务受自然和人为因素的驱动，生态系统服务的变化和人类福祉的变化是一体的。

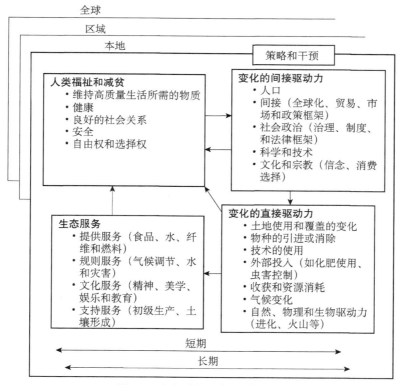

图 5-4 生态系统服务–人类福祉

黎洁等（2017）的研究中也指出，生计的分析必须结合生态系统服务和相关政策及其福祉的分析才是科学的，如图 5-5 所示。

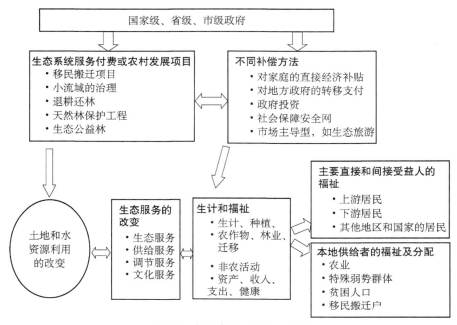

图5-5 公共政策—生计—福祉

资料来源：黎洁等（2017）

本书在可持续生计框架下，通过三江源牧户生计的评价，以解释和分析牧户的福祉变化问题，在分析牧户生计能力的制约因素的基础上，找到未来发展战略制定的切入点，寻求缓解福祉下降的对策，通过增进牧户的生计能力以增强在参与生态保护战略过程中应对环境变化冲击的风险应对能力、适应能力和可行能力，缓解和消除牧户的贫困问题，实现三江源生态-经济-社会的可持续发展。三江源牧户的可持续生计框架如图5-6所示。

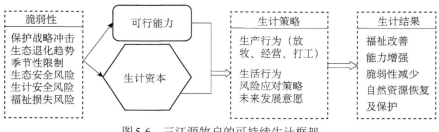

图5-6 三江源牧户的可持续生计框架

在制度、政策以及自然等因素造成的脆弱性环境下，受生计资产、政策和制度的相互影响，牧户运用可行能力和生计资本的大小，决定选择何种生计策略，并导致一定的生计后果。同时这种生计后果不仅是牧户可行能力和生计能力的反馈，同时又反过来影响牧户的生计资产状况。牧户的生计策略是指在脆弱性环境下，运用牧户的能力，对各种有限的资源利用的前提下进行资产的配置和经营活动的组合，以实现生计目标。但由于三江源牧户在脆弱性环境下增加收入的能力有限，牧户的生计策略不应该局限于通过改变饲养方式（如圈养等），改变收入结构（以虫草等草地经济作物为主要收入来源，养殖特殊动植物，如虫草、藏獒），转变收入来源（如转产经营、发展生态旅游产品经营或者增加外出打工）等生产活动，还应该包括牧户在日常生活中通过减少消费支出、增加投资和资产支出等生活行为，也应该包括对风险的应对策略（如寻求各种支持和帮助）和未来发展意愿（是否增加养殖、扩大非放牧型生产和增加外出打工等）。牧户的生计策略不仅会对牧户的收入和福祉产生重要的影响，也会产生一定的环境后果。牧户的过度放牧等策略会导致生态环境的进一步退化；而牧户减少放牧并以采集经济作物为主的生计策略虽然暂时对三江源的生态退化趋势有缓解作用，但如果不能有效的引导和管理，将进一步造成生态环境的更严重退化；而牧户的转产经营、外出打工、饲养方式、生态旅游产品提供等生计方式则在目前看来是牧户增强其生计能力，并改变福祉现状、实现牧户幸福生活的有效途径，也对环境的负影响较小。可见，牧户的能力、生计资本决定了牧户的生计策略，并影响着牧户的福祉能否改善和环境保护的可持续发展的实现。

5.3.1 生计资本指标的设定与量化

根据李小云等（2007）对中国农户、杨云彦和赵锋（2009）对南水北调过程的库区移民、阎建忠等（2006）对青藏高原牧户的生计资本的测量，本书结合调查问卷和实地调研，设定了适用于三江源牧户的生计资产问卷、测量指标、指标量化数值以及指标设定公式。

5.3.1.1 人力资本指标

在三江源牧户的生计资本中，牧户的人力资本的数量和质量一方面决定了牧户能否驾驭更多的牲畜与草场进行生产和增加收入的能力，是牧户生计资本的基础，另一方面决定了能否运用其他资本并实现生计策略和福祉目标的能力与范围，牧户人力资本的缺乏是牧户陷入贫困的主要原因，也是牧户参与生态移民的主要影响因素。人力资本的指标有三个：以年龄和健康为指标反映的牧户整体劳动能力、家庭整体受教育程度和技能程度体现出的牧户文化技能、牧户男性成年劳动力的数量，并分别给予 0.5、0.25、0.25 的权重。

1）牧户整体劳动能力，即不同年龄层次和健康状况的牧户家庭成员所具备的劳动能力总和。首先对每个牧户成员的劳动能力进行赋值：7 岁以下的儿童、70 岁以上的老人和身体残疾不能劳动的成员，赋值为 0；受教育、待业或赋闲在家、身体健康的青少年（7~18 岁）可以帮助放牧、挖虫草和采集经济作物等简单的劳动，赋值为 2；身体状况良好的打工青年（18~25 岁）、老年人（60~70 岁）具有一定的劳动能力，能进行简单的生计、打工和帮助生产活动并为家庭创造一定的收入，赋值为 3；身强力壮的中壮年（25~60 岁）是家庭主要的劳动者和生计成果的创收者，赋值为 5。然后将每户的劳动能力加总，并进行归一化处理。

2）牧户文化技能，即对牧户的教育文化程度和拥有的技能的综合能力，是牧户能否运用其他能力的基础，是牧户生计能力提高的保障，更是牧户抵御生计风险的核心要素。首先对牧户的文化技能进行赋值：未接受过任何正规教育、除放牧外不具有任何技能的，赋值为 0；读小学的，赋值为 0.2；读初中的，赋值为 0.5；读中专的，赋值为 0.75；读本科的，赋值为 1。考虑到三江源牧户的受教育水平比较低，而经常外出与外界有较多联系的则拥有的知识量较大；三江源很多牧户文化程度低，但是拥有一定的技能，如挖虫草、驾驶技术和雕刻技能等，也能为牧户带来一定的收入。因此，我们将外界联系程度和技能也纳入衡量指标。如果该受访者经常外出，赋值为 0.2；有一定的技能，赋值为 0.75。然后将每户的文化和技能加总，并进行归一化处理。

3）牧户男性成年劳动力的数量，虽然三江源牧户中女性劳动力也在从事大量的放牧及其辅助活动和家务劳动，但是在三江源禁止放牧和限制放牧的背景下与生活习惯的影响，女性承担着家务劳动以保障家庭的正常生活，迫切需要男性劳动力通过打工、转产经营、运输等途径拓展生计途径以转变生活、生产方式，因此本书将男性劳动力数量作为人力资本的第三个指标，并赋予 0.25 的权重。

5.3.1.2 自然资本指标

自然资本主要指家庭拥有或长期可以使用的自然资源，三江源对牧户具有最重要意义的自然资源就是草地和重要经济作物（如虫草）资源。三江源牧户由于文化技能制约和就业岗位的制约，就业机会非常小，牧户在家庭生计的压力下将草地放牧活动作为牧户最基本的生活来源，草地资源是牧户的生存保障。虽然在三江源生态保护而禁止放牧或限制放牧的背景下，牧户通过草地放牧而作为主要收入的可能性和趋势逐渐在减小，但受生活习惯的影响，草地资源仍然是牧户生活的保障。在禁止放牧和限制放牧的背景下，因其独特的品质和药效，且随着价格的节节攀升，三江源的虫草已经演化为牧户的主要收入来源。因此，本书将草地资源的面积、质量和重要经济作物资源作为解释自然资本的三个重要指标，并分别赋予 0.3、0.1 和 0.6 的权重。

1）草地资源指标：我们用牧户拥有的草场数量（面积大小）和质量（生物生产力状况和退化状况）两个指标来衡量。草场面积的大小决定了牧户能拥有多大的生产范围及可以放牧的规模大小，进而反映出牧户的生产能力和收入水平，以牧户人均拥有的草场面积除以区域平均值得到的标准化处理结果来衡量；草场的质量则反映出生产效率及能实现生计目标的难易程度，且容易受到气候、地形、保护效果的影响，以牧户根据生产经验的主观判断和评价来衡量，按照很不好（退化严重）、不太好（退化但不严重）、一般、比较好、非常好五个等级分别赋值为 1～5，并进行标准化处理。以草场的数量和质量指标的平均值作为草地资源指标。

2）重要经济作物资源指标：以三江源拥有虫草的资源丰富程度和品质大小来衡量，没有为 0，产量品质一般为 0.5，产量高品质好为 1，并对整个三江源的值进行标准化处理。

5.3.1.3 物质资本指标

物质资本是指牧户直接用于生产的（如牲畜、农具、机器等）物资设施和支持牧户生产生活的房屋和地区的医疗、教育、交通等基础设施。本书以牧户的住房、牲畜、设备资产、公共基础设施条件四个指标来测量物质资本，并赋予 0.1、0.6、0.1、0.2 的权重。

1）住房：三江源牧户夏季游牧时以帐篷为居住场所，冬季部分牧户以帐篷、土坯房为居住场所，而牧户参与生态移民或定居后的房屋均为等面积、等质量的框架结构，因此本书以住房类型和质量的满意度来衡量住房指标。帐篷为 0，土坯房为 0.25，土木房为 0.5，砖木房为 0.75，水泥框架房为 1。

2）牲畜：牲畜是三江源牧户最重要的生计资本，主要包括牛、羊。考虑到部分区域牧户不繁殖和饲养羊，以及当地牛羊的价值，因此按照 10 只羊=1 头牛进行换算来衡量牧户拥有的牲畜资本，并除以地区的平均值进行标准化处理。

3）设备资产：以牧户拥有的汽车、摩托车、电器、农用机器的数量占区域总设备资产的比例来确定。

4）公共基础设施条件：区域的教育、文化、医疗、交通等公共基础设施条件不仅是牧户的健康和以文化水平为标志的人力资本提高的保障，更是牧户获得更多就业机会、获取重要就业信息以及牧户能否实现各种经营活动以提高收入的有效保证。本书以牧户对当地的教育、文化、医疗、交通 4 个方面的满意度（不满意至非常满意分别赋值为 1～5）的平均值进行评价。

5.3.1.4 金融资本指标

金融资本是指牧户能自主支配和可以筹措到的用来实现生计目标的现金，主要包括牧户创收获得的现金收入，牧户从银行、信贷机构等正规渠道获得的各种信用贷款，以及各种形式的国家补助和从亲朋好友等非正规渠道获得的救助或资助，分别赋予 0.5、0.2、0.3 的权重。

1）牧户的现金收入：是牧户金融资本的主要来源，该指标以其平均收入除以地区平均收入指标进行标准化处理。

2）信用贷款：大多数牧户信用基础差、可抵押物品不多、创业项目的可行性分析报告不规范等，使牧户从正规渠道获得贷款的机会有限，因此本书以牧户对获取信用贷款的难易程度主观评价来进行衡量（极为困难为 1，非常容易为 5）。

3）各种补助和资助：三江源对牧户提供草原补偿金、取暖补助、养老金等各种形式补助，牧户还可以获得亲戚、朋友的资助，也是三江源牧户金融资本的重要组成部分，本书以牧户对国家补助的满意度（非常不满意为 1，非常满意为 5）和获取资助资金的机会难易程度（极为困难为 1，非常容易为 5）来评价各种补助和援助的机会，并分别赋予 0.6 和 0.4 的权重。

5.3.1.5 社会资本指标

牧户为了实现生活目标和生计策略而依赖的社会网络支持，包括参加的如家族、宗教派系、行政救助单位等社区组织以及个人构建的社会网络。三江源牧户的社会网络具有典型性和非规则性：一方面，除了行政组织和宗教派系外，参与社区组织、各种协会等的程度不高；参与的宗教派系对生计生产的作用不显著，但实施生态保护计划后牧户能从政府获得医疗保障、入学儿童补助和老人补助、最低生活补助等支持，并成为重要的生计资本和社会支持。另一方面，牧户的社会网络主要表现为基于血缘关系的亲戚家族网络、基于地缘关系的乡邻网络和基于行政关系的行政组织网络。因此，本书用获取补助和帮助支持的满意度平均值、牧户的社会关系（与亲戚、邻居、与村干部、民族交往）的满意度平均值来反映牧户在面临风险和困难时获取社会支持的可能性和支持力度的大小，并分别赋予 0.6 和 0.4 的权重。

5.3.1.6 地理优势指标

牧户所在区域的资源环境优势和生计发挥与实施的地理条件在一定程度上影响了牧户的生计方式（以依赖资源为主或者资源利用兼有打工）以及特殊经济作物资源的拥有情况，是牧户结合其他生计资本实现生计目标的基础。本书以三江源的气候条件、海拔、县城距离三个指标来衡量地理优势，并分别赋予 0.3、0.3、0.4 的权重。

1）气候条件：三江源的气候条件，一方面决定了草地资源质量，并影响了牧户的生计资产大小；另一方面决定了牧户的生产方式、生活方式以及牧户的健康状况，本书以牧户对区域气候的主观评价来衡量。

2）海拔：三江源的海拔直接影响着当地草场的质量状况，进而决定了牧户能饲养牲畜的数量；海拔也决定了草地资源的恢复能力和脆弱性状况，海拔越高，生态环境越脆弱，被破坏后越难恢复生态系统平衡；海拔通过有效气候、降水等因子，决定着当地是否有重要的经济作物。本书将地区的海拔标准化，并反向赋值。

3）县城距离：牧户家庭所在地离县城距离的远近代表着牧户能否开零售商店、能否获得劳务机会及便捷程度、获取良好的教育和医疗条件的实现程度等。本书按离县城距离大于 200 km=1，150～200 km = 2；100～150 km =3；

50～100 km =4；30～50 km =5；5～30 km =6；小于 5 km =7 赋值。

5.3.2 生计多样化指数

生计多样性采用牧户从事的生计活动丰富程度来衡量(阎建忠等，2009)，放牧生计=1，放牧+其他经济作物=2，放牧+虫草=3，放牧+虫草+对零售商店或运输的=4，放牧+虫草+家中有固定打工的=5，单纯依靠补助=1，补助+打工生计=2，补助+打工+经营=3。

5.4 三江源牧户生计资本定量化分析

根据 5.3 节的生计资本指标和权重设定，我们对问卷收集到的牧户生计资本进行了量化和评价。根据牧户不同生计资本的分值，判定牧户生计能力的大小，也可以对不同区域牧户和响应不同保护计划牧户的生计能力进行横向与纵向对比。

5.4.1 生态移民前后牧户的生计资本变化

三江源牧户总体生计水平偏低且发展不平衡，牧户所面临的脆弱性环境制约了牧户生计水平的提高，同时各种生计资本水平不高、生计方式单一、人力资本等资产水平偏低导致的生计资本结构不合理等影响了牧户生计的可持续性。此外，三江源各区域在生计状况、变化规律、生计策略上既存在共性，也存在差异性。

5.4.1.1 三江源移民前后的生计资本特点

三江源牧户生态移民前后的生计资本总值分别为 2.28 和 2.66。移民后牧户虽然失去了自然资本的利用权力，使金融资本下降；但移民后的生计资本仍然略有增加，主要是由物质资本、社会资本和地理优势大幅度增加所致，如图 5-7所示。如果忽略地理优势，则三江源牧户的生计资本由移民前的 2.016 下降为移民后的 1.88，说明三江源牧户的生计资本总体不高、生计资本规模有限，大量的人力资本空置，牧户的生计资本未能得到发挥，仍然停留在简单的、单一化的、依赖自然资源或补助的低水平状态。实现生计方式的转换，融合各种生计资本，促进生计策略的实现是三江源移民政策应该正视的突出问题。

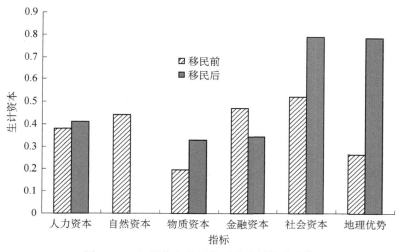

图 5-7　三江源牧户移民前后的生计资本变化

三江源牧户的生计整体表现为资源利用、资产配置和生计能力转换的有限性以及生计脆弱性大等典型特征，具体特点如下。

1）严重依赖自然资源、生计单一化的牧户的自然资本更容易受到各种风险因素（如气候变化、自然灾害、生态退化以及各种制度和政策）的影响，如果自身没有有效的能力进行补救和恢复以及政府的补偿不到位、补助和扶持措施起不到预期的效果，牧户的生计表现出较大的脆弱性，牧户的福祉极有可能受到侵害而陷入贫困。

2）三江源牧户的需求还建立在维持和保障物质、安全、生存等基本生活需求的层次上，物质资本基本上被日常生活所消费，在面临各种风险和脆弱性时牧户转换为生产资本或生计资本的能力非常有限。因此，牧户的生活、生计和福祉能力都存在着极大的脆弱性，非常容易受到外界环境的影响并遭受毁灭性的打击，迫使牧户陷入贫困并且情感和心理福祉都遭受巨大的创伤，且恢复能力较弱。

3）三江源经济发展水平不高，且基础设施和社会服务体系不高，不仅使牧户获取的金融支持（如贷款、创业支持、投资保障）的可能性下降，而且影响牧户生计能力的提高；三江源就业机会小，牧户受文化技能的限制能够谋得稳定收入、高薪工作机会的可能性非常小，这也限制了牧户实现生计方式转换以改变收入和生活困境的选择权。金融资本的获取性差加剧了牧户实现生计转换的困难,并促使牧户的福祉进一步降低,陷入贫困化。

4)三江源牧户参与生态保护计划后,地区的教育和医疗设施条件变好,牧户也逐渐认识到文化知识的重要性,在子女教育等人力资本上的投入增加,为将来的生计能力提高和面对脆弱性环境时的能力和福祉的恢复奠定了基础。

5)能支撑牧户生计能力的社会资本非常有限,但却是牧户维持日常生活的主要来源。三江源牧户由于宗教信仰和文化程度的制约,参与社会组织和参加各种基金组织的概率几乎为零,牧户各种社会资本的来源限于亲戚和家族,但亲戚和家族的接济能力与帮助力度有限,只能提供一些日常生活用品的帮助和情感安慰,却不能帮助他们获得工作机会和更多资金等方面的支持,也就导致了牧户并不能通过社会资本的支持而实现生计资本的转换和收入能力的提高,也就不能从根本上改变牧户的生计方式和福祉状况,因此牧户抵御风险和脆弱性环境冲击时的承受和恢复能力显得更加弱小,濒临贫困的境地。

5.4.1.2 三江源牧户各生计资本分析

(1)人力资本

牧户移民后,家庭上学子女数增加,牧户为了增加收入主动或被动接受扫盲培训和技能培训,使牧户的人力资本由移民前的 0.38 增加到移民后的 0.42。人力资本是促使和保障家庭收入增加、生计模式实现改变和创新的关键推动因素,人力资本的高低影响着运用其他生计资本实现生计策略的可能性。三江源牧户虽然劳动力数量多,劳动能力大,但牧户的文化程度和技能分值极低,尤其是中壮年劳动力基本没有文化程度和技能,制约了人力资本的发挥和运用。

首先,牧户移民后,虽然人力资本仍然比较高且有所增加,但受生活习惯和劳动方式的影响,强大的劳动力和劳动能力也仅仅限于放牧,不会和不愿意去打工,导致三江源牧户很少有打工者,都赋闲在家,出现人力资本空置现象。三江源人力资本空置,不仅是劳动力资源的浪费,更让牧户失去通过打工增加收入和改善生活的效益,使牧户的生活水平下降,对生态保护战略的满意度下降,也不利于社会的稳定和生态经济的可持续发展。

其次,从第4章的分析和调查结果发现,响应三江源生态保护战略并参与移民的大多是老年牧户和上学子女较多的牧户。老年牧户多患有关节炎等疾病,使劳动能力下降和医疗费用支出增加。上学子女数增加虽然表面通过家庭文化水平的提高使人力资本增加，从长远来看，有利于三江源牧户的可持续生计的能力塑造和潜能积累；但在短期内，这部分人力资本却不能对牧户的生计策略和牧户的收入水平改变起到根本性的作用，牧户的生计多样化水平也并未立竿见影的提高。

最后，牧户的壮劳力受到文化技能的制约不能实现或不愿意参与打工，老龄和幼龄牧户受劳动能力的限制不能参与生计活动，使三江源牧户的生计水平较低，并且抑制了生计创新的实现，亟待对移民区牧户人力资本大规模、深度、有效地投入以实现人力资本结构和效率的转换。可见，如何通过发展经济创造和提供更多的就业岗位，加强文化和技能培训促进牧户的就业能力，使如此强大的人力资本发挥应有的效益，实现合理的资源配置，是提高三江源牧户福利水平的关键。

（2）自然资本

三江源牧户移民前的自然资本平均值为 0.44，反映出牧户的人均自然资本的数量、质量不高，牧户的生计基础薄弱。三江源牧户参与生态移民后，不能从事草地放牧和虫草采集活动，自然资本为 0，即失去了利用自然资源来实现生产生活的机会，牧户的自然资本被剥夺，增加了牧户生计能力的脆弱程度，导致牧户的收入水平递减，影响了牧户的幸福感。

首先，牧户对草地资源的利用方式比较粗放和单一，主要从事放牧活动和虫草及其他经济作物的采集，几乎没有其他经营；其次，由于全球气候变化的暖干化驱动，三江源草地生态退化、沙化严重，牧户的放牧生计活动受到了很大的影响；最后，三江源受自然地理和气候变化等不可抗拒力的影响，干旱、鼠害、雪灾频繁发生，牧户的生计活动面临较大的风险。在生计单一化、生态退化和自然灾害的三重作用下，牧户的生计脆弱性程度较高。

如果牧户的生计方式不发生根本性调整和改变、牧户的生计生活实现不能保障的情况下，牧户的生计将会遭受毁灭性的打击，也必将使牧户陷入贫困的风险增加，另外，在不能保障牧户顺利的实现其他生计转变以增加收入的前提下，贸然地通过生态移民的方式剥夺牧户使用自然资源的权利，虽然对生态环境的恢复有利，但大幅度地损害了牧户的利益，不仅使牧户的福祉水平急剧下降，更使牧户参与生态保护的经济性下降，长远来看不利于社会稳定和福利的均衡，也无法保证生态保护和可持续发展的实现。

（3）物质资本

三江源牧户的物质资本由移民前的 0.196 增加为移民后的 0.33，说明三江源牧户参与生态移民后，住房条件和基础设施显著地变好，使牧户的物质资本有了较大的改观。三江源牧户在移民前居住帐篷，少数牧户有土坯房，但是移民后政府给牧户提供了标准的水泥建筑住房，使牧户的住房分值由移民前的 0.06 增加为移民后的 1，让牧户免于受冻和地震灾害，并使舒适度增加，同时生活用水、电都比较方便，改善了牧户的生活质量。但是作为三江源牧户的主要资产和收入来源的牲畜，牧户参与移民后被变卖，牧户失去了牲畜再次繁殖和生产而增加收入的可能性，不仅降低了牧户物质资本可持续性，更使牧户失去了生计能力提升和生计方式创新的有力支撑，最终使牧户生计脆弱性增加和以收入为基础的福利水平下降。牧户拥有的电器、摩托车、汽车等设备，在移民后基本上搬迁，使牧户的物质资本并未受到较大的冲击；但这些设备多局限于牧户的生活需要，牧户很少拥有其他农用机器或运输车辆等用于生产或运输等其他生计活动，当环境发生变化时，便不能转换为有效的生计资本以抵御各种脆弱性和贫困风险。牧户参与生态移民后，教育、医疗和交通等基础设施有了根本性的变化，满意度由移民前的 2.6 增加为移民后的 6.8，主要是医疗改善使牧户的健康得以保障而增加了劳动能力，教育改善使牧户的教育水平提高而增加了潜在的生计能力，交通的通达度使牧户的就业机会增加，促进了牧户生计提高的可能性。

（4）金融资本

三江源牧户的金融资本由移民前的 0.47 下降为移民后的 0.34，使牧户的金融资本成为牧户生计资本的最薄弱部分，并使牧户通过金融资本实现生计方式转换和转产经营的生计策略受到了严重的制约。牧户参与生态移民后，一方面失去了通过放牧以及挖虫草而获得收入的权利，另一方面未能通过打工等其他生计方式增加收入，使移民后牧户的收入急剧下降，并且反映出牧户的适应性和生计能力的水平较低。可见，如何通过促进生计途径转换帮助牧户增加收入是三江源移民增强适应性，提高牧户生计能力，改善福利水平，激励牧户放弃简单的放牧生计并积极参与生态保护战略，实现生态保护和促进牧户可持续发展的突出问题。

首先，银行、信用合作社等提供的服务不能满足牧户的需求，牧户从正规渠道获取贷款的门槛太高，使牧户从正规渠道获取贷款等资金的机会非常小；

其次，牧户虽然能够从亲戚朋友等处获得一定的帮助，但得到的多数是物质帮助，金钱帮助非常有限，且具有不稳定性；再次，亲戚朋友能力的有限性、民间高利贷的高息和不确定性，往往使牧户望而却步；最后，受金融环境脆弱性的影响，牧户获得金融支持的方式和数额都非常有限，不能为牧户提供经营资本以帮助牧户实现生计方式转变也制约了牧户增加收入的能力。

虽然牧户移民后获取的补助数额有限，但却是牧户金融资本最稳定的支持。然而，在物价高速上涨的过程中，牧户的补助数额一直不变，且补助方式单一，对牧户的支持力度有限。可见，改善移民区的金融环境和调整相关的金融政策，帮助牧户得到无息贷款成为牧户创业或经营的资金支持，使牧户实现生计方式的转变，设法提高牧户的就业率，多种途径和方式补助牧户，最终使牧户的收入增加并提高牧户抵御风险的能力，实现生计策略和牧户生活质量提高的生活目标，促进区域经济发展-就业机会增加的良好循环。

（5）社会资本

牧户的社会资本是生计资本中最高的，且由移民前的 0.52 增加为移民后的 0.79。三江源牧户移民前基本没有各项补助，且由于居住分散交通不便，除逢年过节外较少有亲戚、邻居的联系和互助，社会网络比较分散；牧户移民后，增加了各项补助以防止牧户的生活陷入贫困，并使牧户之间的交流、互助增加，使牧户的社会资本总值增加。三江源牧户除了参加宗教活动外，缺乏社区参与和各种社会组织，导致牧户很难通过社会活动实现各种政治权利和自由，也就限制了牧户难以拥有较高的社会地位和社会权威，决定了牧户在面临风险时获得的帮助和抵御风险的社会支持极为有限，难以承受风险损失和实现生计能力的恢复。同时，牧户的社会资本基本上是来源于政府各项补助和地缘、血缘关系的支持，这也是牧户在面临风险时获得最强有力的情感和物质帮助以规避生计风险和阻止福祉下降的基石。如何有效地利用牧户的社会资本，促进生计能力的提高，并实现生计策略是三江源移民区面临的挑战之一，也是提高牧户福祉水平的捷径。

（6）地理优势

牧户的地理优势在牧户之间差异较小，主要表现为区域间的差异。三江源牧户地理优势由移民前的 0.269 增加为移民后的 0.787，增加幅度最大。三江源平均海拔 3000 m 以上，气候恶劣，终年寒冷，自然灾害频繁，地域偏远；移民后牧户移居在县城或城市近郊，海拔降低，气候舒适度增加，同时使牧户的就业机会增加，促进了牧户收入增加的可能性，使牧户的脆弱性下降。

5.4.1.3 移民生计变化的区域差异

三江源牧户参与生态移民后，牧户的生计资本有所增加，但增加程度不显著，而牧户生计资本在区域之间的差异比较明显，如图 5-8 所示。牧户移民后，除泽库县、玉树县和囊谦县的生计资本略有下降外，其他地区的生计资本都比移民前有了显著的增加。为进一步分析三江源移民生计资本的差异，我们对各生计资本移民变化的差值进行了分析，见表 5-1。

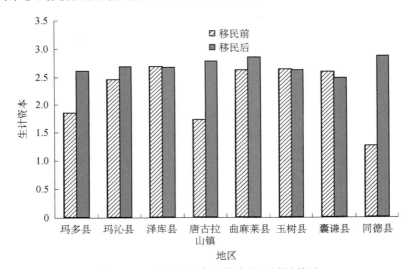

图 5-8　三江源移民生计资本的区域性差异

表 5-1　三江源牧户移民后生计资本变化情况

地区	人力资本	自然资本	物质资本	金融资本	社会资本	地理优势	总生计
玛多县	0.033	−0.137	0.075	−0.148	0.271	0.657	0.751
玛沁县	0.031	−0.378	0.085	−0.142	0.280	0.356	0.232
泽库县	0.025	−0.426	0.024	−0.168	0.233	0.294	−0.018
唐古拉山镇	0.044	−0.110	0.202	−0.108	0.304	0.717	1.049
曲麻莱县	0.043	−0.763	0.169	−0.138	0.275	0.650	0.236
玉树县	0.027	−0.706	0.174	−0.143	0.285	0.350	−0.013
囊谦县	0.022	−0.773	0.162	−0.121	0.253	0.350	−0.107
同德县	0.025	−0.122	0.182	−0.044	0.248	0.865	1.154

从图 5-8 可以看出，玛多县、同德县和唐古拉山镇牧户移民后的生计资本增加明显，是否就代表这些牧户移民后的生计能力就增强了呢？结合表 5-1 可以看出，这三个移民区的牧户生计资本移民后增加最大的是地理优势、社会资本和物质资本，且增加值超过了其他资本的减小差值，这才导致生计资本的大幅度增加。玛多县、曲麻莱县和唐古拉山镇牧户移民前所在地气候均比较恶劣，移民至玛沁县、同德县和格尔木市后地理优势资本增加明显，并且公共基础设施有了较大的改观，虽然失去自然资本、收入下降，但表现出生计资本增加的趋势，更值得关注的是，这些牧户移民后由于其他生计资本的制约，其生计能力仍然比较低，且未实现有效的生计方式转换，生计脆弱性和生活风险仍然较高。泽库县、玉树县和囊谦县牧户移民后安置在当地县城，地理优势改善不明显，由于自然资本和金融资本的下降远远超过了物质基础设施的变好和地理优势的增加总和，牧户的生计资本表现出下降趋势。牧户移民后，地理优势均增加，为了进一步探寻牧户生计资本的改变状况，我们将牧户移民后的地理优势忽略，以前五种资本之和作为总的生计资本，并进行考察，如图 5-9 所示。

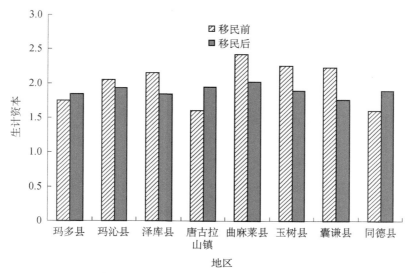

图5-9　三江源牧户生计资本的区域差异

从图 5-9 可以看出，玛多县牧户移民至同德县和玛沁县，唐古拉山镇牧户移民至格尔木市后，牧户的生计资本总值均增加，而玛沁县、泽库县、曲麻莱县、玉树县和囊谦县牧户移民后的生计资本均下降，且下降趋势显著。玛多县和玛沁县牧户移民至玛沁县，唐古拉山镇和曲麻莱县牧户移民至格尔木市，使公共基础设施和社会资本均增加，但是玛沁县和曲麻莱县牧户不仅失去了自然资本，更重要的是失去了虫草收入来源，使牧户的金融资本急剧下降，牧户的总生计资本下降；而玛多县牧户移民至同德县，唐古拉山镇牧户移民至格尔木市，由于本身无虫草收入，移民后基础设施改善幅度较大，使这两个区域的生计资本增加。三江源牧户移民后，均失去了自然资本，获取现金收入的机会变小，而转产经营和打工又无法实现，致使三江源牧户的生计资本存在极大的脆弱性，迫切需要改变放牧和挖虫草的生计方式以应对生计风险。

5.4.1.4 三江源移民生计脆弱性分析

根据牧户的生计资本，我们可以简单地分析出牧户的生计能力大小，并且得出三江源移民的生计资本整体水平不高，且移民后自然资本损失、金融资本较小等特点。但是如果在各种生计资本能合理配置，并互相补充而发挥作用的情况下，某一类生计资本的缺乏或下降并不一定会造成牧户生计能力的损失，往往是某种生计资本的缺乏造成其他资本不能发挥，最终导致牧户的生计能力下降。三江源牧户严重依靠草地资源进行放牧、挖虫草，一方面，这种放牧和挖虫草的生计方式容易受到气候变化、自然灾害、生态退化、政策和季节性的影响，使牧户的收入和生计具有不确定性，增加了生计的脆弱性；另一方面，这种放牧和挖虫草的生计方式比较单一，生计策略的实施对牧户文化程度和技能的要求比较低，也就导致在自然环境发生严重破坏、变迁甚至不能使用自然资源时，牧户不具有从事其他生计活动的能力和机会，使牧户的生计遭受双重的冲击，牧户面临的各种风险增加。牧户的简单生计活动和长期以来的生活习惯，使牧户单纯依赖草地自然资源资本便可以实现其生计策略和福利目标，导致牧户对其他资本的运用能力较弱，牧户也忽略了人力资本中知识文化技能的提升，对社会资本的维护较松散，也欠缺将其他几种生计资本强化和整合以实现生计效益最大化的能力和智慧，因此牧户的生计资本虽然不低，但其整体的生计能力却不高。尤其在面对失去赖以生存的生计资本——自然资本时，牧户又不能通过其能力进行生计方式转变，或通过其他生计资本的转换和替代来解决生计风险，使牧户的生计活动陷入困境。三江源牧户移民后，虽然物质资本略有改善、社会资本增加、地理优势增强,但牧户缺乏将自然资本以外的生计资本转换为生计的能力,并且人力资本中的知识文化缺乏,牧户的金融资本又大幅度下降,使牧户对生计方式转换无能为力,即牧户难以承受生计的风险并且缺乏恢复生计的能力,牧户的生计脆弱性程度很高。

三江源牧户移民后,虽然有草原补助金和最低生活保障金等使牧户得以维持最基本的生活,避免陷入贫困,但牧户的补助金非常少,仅仅使牧户得以维持最低水平的生活,却无法帮助牧户完成生计方式转变。因此,改变单一的现金补偿方式的效果并不是很有效,如何附加工作机会补偿等多种方式帮助牧户实现生计多样化是降低牧户生计和生活风险的有效途径。此外,三江源移民中的老年牧户和入学子女是最脆弱的群体,受年龄和劳动能力的限制,他们缺乏或暂时不具备适应新环境和生计转换的能力,只能依靠补助和社会网络的支持维持生活,是生计能力最低的群体。进一步完善社会保障体系,加强基础医疗教育条件,尤其应该大力支持对入学子女完成学习接受更高的教育,增强知识和智力资本,才有可能使他们发挥潜能并成为未来牧区生计创新的中坚力量,也是降低牧户生计脆弱性,并实现当代和下一代可持续发展的保障。

5.4.2 限制放牧定居牧户的生计资本变化

5.4.2.1 限制放牧定居牧户生计资本的空间变化

三江源牧户在参与限制放牧定居前后的 5 种生计资本平均值分别为 2.56(限牧前)和 2.98(限牧后),呈现出增加趋势。三江源牧户参与限制放牧定居后的生计资本在区域间的变化不明显,牧户限制放牧定居后,牧户的生计资本显著增加,增加差值不明显,如图 5-10 所示。

牧户限制放牧后,一方面,虽然通过放牧获取的收入下降,但对其重要收入来源——挖虫草的收入并无明显影响,致使牧户的金融资本呈现增加状态;另一方面,限制放牧解放了大量的劳动力,并且使劳动能力增强,牧户可以通过打工或者副业、运输、经营等方式增加现金收入,并可以金融资本为基础,发挥其他资本优势。牧户限制放牧定居后,牧户的物质资本和基础设施明显改善,社会关系更融洽,地理优势增加明显,使牧户的生计资本增加。同样,牧户限制放牧定居后,通过技能和文化培训以及产业配置,促进牧户的就业,以及如何充分利用大量的人力资本并产生应有的效益和实现资源的合理配置，让牧户通过非放牧型生计实现生计目标和生活质量，并激励牧户放弃对草地资源的依赖，激励牧户积极主动地参与生态保护，最终实现牧户幸福—经济发展—生态保护。

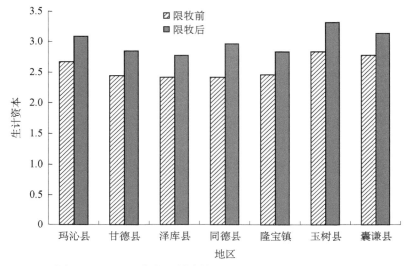

图5-10　三江源牧户限制放牧定居后生计资本的区域比较

5.4.2.2　限制放牧定居牧户各生计资本变化

为进一步解释牧户的生计资本增加的原因，我们分析了各生计资本的变化情况，如图 5-11 所示。

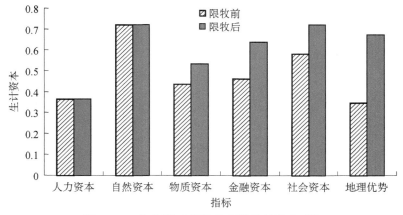

图5-11　三江源牧户限牧前后的生计资本对比

1）人力资本和自然资本。三江源牧户的人力资本约为 0.36，牧户的人力资本不高的原因是牧户的文化水平和技能不高或缺失，这也是牧户其他生计资本不能整合运用和防御生计风险的瓶颈。牧户限制放牧后，解放了大量的劳动力，一方面牧区存在着大量的剩余劳动力，另一方面这些劳动力不能或不愿意就业导致市场上劳动力缺乏，分流劳动力和促进就业将是一个长期的、艰巨的任务。三江源牧户的自然资本约为 0.72，主要原因是调查区域草地生态退化轻微，草地质量比较好，草场脆弱性程度相对较小，并且区域有着大量的、丰富的、高品质的虫草资源，满足了牧户通过放牧和挖虫草来获得收入与实现生计目标的需求。牧户限制放牧后，虽然放牧的牲畜数量受到限制，但并不影响牧户通过放牧维持生活的需求，并且主要的收入来源——挖虫草并未受到影响，因此牧户的自然资本仍然较高。同时，近几年虫草价格上涨，使牧户的收入反而有了较大的增加，促进了金融资本的积累，使牧户对放牧生计的限制并不敏感和反对。

但是，由于气候或者其他因素的影响，虫草的产量不稳定，且每年虫草的收获期和采集期集中在 4～6 月，牧户的虫草生计存在着极大的不确定性和风险。同时，挖虫草过程中牧户同样面临着人身安全的威胁和风险，加重了虫草生计的风险性和脆弱性。首先，虫草的价格波动性较大，区域没有统一的营销品牌和销售渠道，三江源虫草多属于私下交易，虫草的巨大利润被中间商和收购商盘剥。其次，由于虫草的巨大利润，牧户都将家庭的生计完全依赖于虫草，将每年的虫草收入大肆挥霍掉。牧户既无储蓄计划，也不具备将收入转变为其他生计方式的资本化运作能力，牧户的生计存在着巨大的风险。再次，疯狂挖虫草将危害生态系统平衡，使资源的利用和恢复、存续难以实现可持续，使三江源生态环境遭受严重的退化威胁，牧户将再一次陷入生计受限的局面，将对牧户的福利产生更大的侵害。最后，如果虫草的产量和价格下降，将使牧户的生活和虫草生计遭受毁灭性的打击，牧户将更加的贫困。因此，虫草生计也存在着极大的风险，亟待通过产业化和品牌化增强虫草生计能力，并积极培育畜牧业和延伸虫草产业链，促进牧户虫草生计方式的转变，才是减缓草地生态退化趋势和速度的核心举措。

2）物质资本、社会资本和地理优势。三江源牧户的物质资本由限制放牧定居前的 0.43 增加为限制放牧定居后的 0.53，变化不大。牧户参与限制放牧后，虽然牧户的牲畜拥有量严重缩水，但定居后，牧户的房屋、基础设施建设大幅度改变，使牧户的物质资本呈现出微弱的增加。牧户的社会资本由限制放牧定居前的 0.58 增加为限制放牧定居后的 0.72，牧户限制放牧后收入的下降通过虫草生计来弥补，并且有国家补助，故牧户对补助的满意度较高。定居后牧户之间互动和联系增多，使社会关系的满意度略有提升，因此牧户的社会资本呈现出增加趋势，但是牧户的社会参与和政治自由活动仍然比较薄弱，限制了牧户难以拥有较高的社会地位，抑制了牧户在遇到生计风险时将社会关系转化为社会资本，并产生生计结果的能力。牧户限制放牧定居后，气候的舒适性增加，并且地理位置和交通及市场繁华程度都比限制放牧定居前有了很大的提高，使牧户的地理优势由限制放牧定居前的 0.35 增加为限制放牧定居后的 0.67，同时使牧户实施其他生计活动和转换生计方式的机会增加，但牧户利用地理优势并成功实现生计方式的转变以实现生计策略的能力，仍然由于人力资本的限制而未能发挥，地理优势提供的生计机会和资源被浪费。

3）金融资本。牧户参与限制放牧后金融资本由限制放牧定居前的 0.46 增加为限制放牧定居后的 0.64，牧户参与限制放牧对草原补助和最低生活保障金等补助的满意度增加，虫草价格上涨使虫草收入几倍甚至几十倍的增长，远远抵消了限制放牧引起的收入损失，使牧户的金融资本增加。值得注意的是，牧户的金融资本增加不是通过非放牧型生计或不依赖于自然资源的生计而实现的，依然是通过最简单的采集自然资源作物而获得高额的收入，具有收入的不稳定性，同时也由于虫草的季节性、价格波动而具有很大的脆弱性。牧户过度放牧在一定程度上破坏了草地生态系统的平衡，为保护生态系统和恢复生态系统生产力牧户被强行限制放牧，但被限制放牧后牧户并没有摆脱对草地自然资源的依赖和大量开发利用，而是换了一种仍然可能对草地生态环境产生危害的生计，使牧户的生计能力并未得到实质上的改善，既无法从根本上实现保护生态环境的目标，也不利于牧户的生计途径和生计方式转换，以承受将来可能出现的各种生计风险。牧户受文化水平的限制，缺乏对未来的确定以及不确定风险的预见能力，也就不会为了抵御将来风险而进行收入的积累，并通过经营和投资将收入转化为资本，以抵御生计风险。因此，让牧户通过信息渠道，知晓各种风险，引导牧户将高额收入转变为生计资本优势，提高牧户综合运用生计资本的能力，才能降低牧户生计的脆弱性。

5.4.3 牧户生计资本与生计多样性关系

从理论上讲，牧户的生计资本越丰富，牧户的生计多样化水平越高，生计资本与生计多样化水平呈显著相关关系，而每一种生计资本对牧户生计多样化水平的贡献和相关程度并不完全一致。我们为验证该假说是否成立进行了如下研究。

5.4.3.1 三江源移民生计多样性分析

三江源牧户移民后生计多样化水平从移民前的 2.51 下降为移民后的 1.93，牧户的生计多样化水平比较低，生计趋向于单一化，生计脆弱性较高。除了玛多县、唐古拉山镇、同德县牧户移民后生计多样化水平均有增加外，三江源其他地区移民的生计多样化水平均下降（图 5-12）。

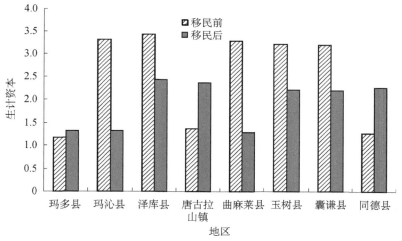

图 5-12　三江源移民的生计多样化水平比较

1）玛沁县、泽库县、曲麻莱县、玉树县、囊谦县移民。这个几个区域的牧户在限制放牧前都是以虫草生计和放牧生计为生，限制放牧后牧户的生计多样化水平下降并使牧户的收入有一定的下降，但虫草收入的暴增使牧户的收入并没有显著的变化，反而因巨额的虫草收入使牧户将生计来源完全依赖于虫草。可见，限制放牧后，虽然牧户有了更多剩余的劳动力，定居后牧户有了更多的就业机会和就业选择，但牧户将生计策略调整为在草地生态环境上通过采集虫草来实现生活需求，不仅对草地生态环境的压力没有益处，而且对牧户的生计能力和生计多样化水平无利，使多样化水平下降，也不符合可持续发展的要求。因此，让牧户认识到虫草生计的风险性以及虫草生计对草地生态环境的危害性，帮助牧户逐渐适应通过其他生计途径实现福利目标，才是生态可持续保护和牧户幸福的前提。

2）唐古拉山镇、玛多县和同德县移民。无论是唐古拉山镇还是玛多县，牧户生计都单纯地依靠放牧，牧户受文化水平的制约，鲜有打工者，故生计水平比较低。唐古拉山镇牧户移民至格尔木市，牧户的生计方式由放牧转变为依靠补助，在移民的初期，牧户往往依靠储蓄进行生活，后期在生活压力下，牧户逐渐开始参与打工，但牧户所能从事的打工途径和方式单一有限（建筑工地或藏族餐厅歌舞表演），打工时间随机性强，使打工收入和稳定性具有极大的脆弱性，牧户生计单一，并且生计多样化水平增加不显著，无法保证稳定富足的生活质量。玛多县牧户移民至玛沁县（玛多县移民）或移民至同德县（同德县移民），移民后同样失去了放牧生计活动，主要依靠补助。但同德县移民区对青年牧户进行了技能培训，并兴办藏毯加工企业吸收这些牧户参与打工，同时将同德县移民安置在通往玛沁县、西宁市和泽库县的交通必经地，很多牧户通过经营零售商店和车辆维修、洗车服务等方式实现了牧户的生计目标，政府鼓励青年牧户考取交警协管等岗位，在很大程度上促进了移民的多样化水平。而移民至玛沁县的牧户，政府安置了清洁工、保安等岗位，并且举办了很多期的扫盲班和技能培训班，促进了牧户的打工生计方式；玛多县移民是最早期的一批牧户，且是最早开始适应转换生计方式以改善生活质量的群体，在补助不足以维持生活的情况下，很多牧户开始开展交通运输、副业和经营等生计活动，因此具有较高的生计多样化水平。

从这三个区域的移民生计多样化水平经验来看，牧户实现生计方式转换以增强生计能力的途径有三种：①积极促进移民区的经济发展水平（如格尔木市、同德县），创造更多的就业机会和岗位，吸引牧户就业以实现生计多样化；②为牧户提供就业技能培训，并创办适合牧户就业的企业，诸如畜牧业加工和饲养工厂、民族风情餐厅、生态旅游产品和纪念品生产工厂等，培育牧户的就业能力和提升牧户的就业效率，增强牧户的生计能力，实现生计目标和生活质量目标，并促进地区经济发展；③改变单一的现金补助方式，为牧户提供力所能及的就业岗位，提升牧户的生计能力，促进牧户对生态移民政策的满意度以实现区域的生态–经济可持续发展。

5.4.3.2 三江源限制放牧牧户生计多样化水平分析

三江源牧户限制放牧定居后，生计多样化水平由 3.49（限牧前）增加为 4.47（限牧后），总体趋势呈现出略有增加，但区域之间的变化趋势并不一致。除了玉树县和囊谦县的牧户限制放牧定居后生计多样化水平略有增加外，其余各区域牧户限制放牧定居后的生计多样化水平呈现出下降的趋势，如图 5-13 所示。

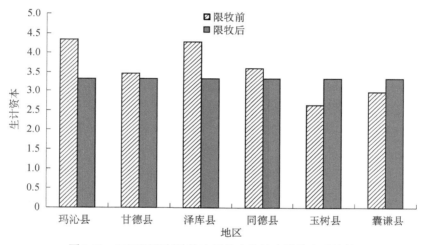

图 5-13　三江源限制放牧定居牧户生计多样化水平比较

1）玉树县和囊谦县。这两个区域牧户在限制放牧定居前，生计方式以挖虫草、放牧为主，限制放牧定居后放牧生计仅仅满足生活需求，而虫草生计为主要收入来源，牧户限制放牧定居后，牧户生计多样化水平的提高来源于牧户的打工、经营、交通运输等生计途径的增加。自 2009 年玉树州玉树县发生地震后，国家对玉树县进行大规模的城市化建设，随着各种援助建设活动的开展和大量的外来人口进入玉树县，很大程度上促进了当地的经济发展，并带来了很多的就业机会和投资机会。于是许多牧户开始投入建设工地中打工，有些牧户经营零售商店、宾馆、酒吧、藏式餐厅、沙场和洗车行，或售卖藏族特色食品和文化纪念品、水泥，有些牧户也进行车辆出租、货物运输和开出租车，使牧户的生计方式比较丰富，提高了生计多样化水平以及生活收入和生活质量，并且扩展了牧户和其他民族的社会交往，改善了牧户的福祉水平。一方面，囊谦县离玉树县比较近，也借玉树县的"东风"，增加了囊谦县的经济发展，增加了牧户的就业机会；另一方面，囊谦县在大力发展旅游经济，促进经济发展的同时，也为牧户提供了许多可以发展旅游产品、旅游纪念品的机会，带动了牧户的生计多样化水平。因此，促进三江源经济发展，为牧户提供更多创收机会和就业机会与途径，可以有效地促进生计多样化水平以改善牧户的收入和福祉。

2）玛沁县、甘德县、泽库县和同德县。玛沁县和甘德县牧户在限制放牧前后均以虫草和放牧为主要生计来源，因此限制放牧对牧户的生计多样化水平略有下降的影响；这两个区域牧户都定居在县城，虽然经济发展相对比较好，但牧户拥有的就业机会相对并不多，因此导致牧户的生计多样化水平下降，演变为以虫草生计为主。泽库县牧户限制放牧后也以虫草生计为主，但泽库县通过发展旅游经济和石雕、石刻产业和纪念品，牧户的生计方式略有拓展，但由于目前旅游经济和石雕产业刚刚起步，还不成熟，移民的牧户投入较多，限制放牧的牧户参与还不普遍，生计多样化水平仍然不高。同德县海拔较低，牧户的草地质量好，生产力比较高，因此限制放牧后，牧户的牲畜收入却并未有特别的降低，故许多牧户仍然不能放弃对草地自然资源的依赖，使生计多样化水平并不高；同德县离青海省会西宁市较近，因此同德县的经济发展相对较好，但牧户在调查时刚刚定居，对打工生计的响应并不明显，使总体上表现出牧户限制放牧后生计多样化水平略有下降。可见，牧户限制放牧定居后，政府除了大力促进当地的经济发展外，还应该帮助牧户创造更多的就业机会和生计途径，并加强文化技能培训和正确的引导，使牧户逐渐改变生计方式，增强牧户的能力以提高生计多样化水平并实现牧户的生活质量改善，促进区域的经济发展和个体的共同发展。

5.4.3.3　三江源牧户生计总资本与各种生计资本的相关关系

为进一步分析牧户的各种生计资本对牧户总生计资本的影响程度，我们通过 Stata 12.0 对移民后、限制放牧定居后牧户的生计资本和各种生计资本进行了线性回归，回归后的 R^2 均为 0.99，说明相关性非常高，并且各生计资本对生计总资本的影响都是显著的，且正向的。回归结果见表 5-2。

表5-2   三江源牧户生计总资本与各生计资本的相关性

资本	移民后				限制放牧定居后			
生计资本	相关系数	标准差	t	P>|t|	相关系数	标准差	t	P>|t|
人力资本	1.0058	0.0016	632.18	0.000	1.0274	0.0072	142.04	0.000
自然资本	—	—	—	0.000	1.0429	0.0107	97.59	0.000
物质资本	0.9818	0.0098	100.61	0.000	0.9632	0.0072	133.07	0.000
金融资本	0.9833	0.0032	306.85	0.000	1.041	0.0129	80.61	0.000
社会资本	1.0136	0.0036	274.72	0.000	1.140	0.0147	77.33	0.000
地理优势	1.0102	0.0044	231.38	0.000	2.0074	0.0096	209.47	0.000
_cons	-0.0093	0.0065	-1.44	0.151	-0.4787	0.0159	-30.21	0.000

回归结果表明，生态移民后牧户的人力资本、物质资本、金融资本、社会资本和地理优势对牧户移民后的生计总资本的影响力差别不大，可能的原因是牧户失去最重要的自然资本，使生活来源和生活质量受影响，导致牧户对其他5 种资本利用程度不高，并且缺乏综合运用以实现生计策略的能力，因此生计总资本整体水平不高并且对各种生计资本的变化并不敏感。

限制放牧定居后牧户的人力资本、自然资本、物质资本、金融资本、社会资本和地理优势对生计总资本的影响系数中，地理优势的系数最大，说明牧户的生计总资本主要受地域的资源丰富程度带来的生计来源和区域经济发展创造的就业机会影响。牧户限制放牧定居后，因为仍然可以适量的放牧，并且可以挖虫草，对其收入和生活质量没有显著的负影响，牧户的人力资本又不具有竞争力和产生应有的生计效益，牧户也缺失能将金融资本和社会资本转换为生产资本并积极实现策略的能力，因此最体现牧户能力的便是牧户是否拥有其他生计选择的机会，并实现生计策略，地理优势带来的生计机会对牧户就显得至关重要。

第6章　三江源牧户草地生态保护中的生计—能力—幸福感分析

　　牧户的生计资本是牧户生计活动和实现有质量的生活的基础，而牧户能否将各种自然资源、劳动能力、文化知识和收入综合化运用，并且实现生计策略或实现的程度，不仅是牧户能力的反馈，还是牧户实施生计活动的结果表现，也是牧户能否通过运用其能力完成生计活动以过上有良好质量生活的核心，更是牧户缺失抵御风险并陷入贫困的关键性原因。因此，牧户贫困和福祉下降，不仅仅指牧户的收入下降，更重要的是牧户缺少或不具备基本的可行能力，不能选择和难以完成基本的生计活动以实现生活目标，是发展能力的缺失或剥夺的结果，是脆弱性和不可持续的体现。牧户的能力是实现生计活动和生计目标的前提，缺失了能力，即便拥有再强大的人力资本或金融资本，也不能实现生计策略和完成生计活动；同时，牧户的生计资本受侵害或脆弱性增加，将限制牧户的能力运用，最终使福祉水平下降和牧户贫困化。

　　发展使牧户的能力增强，并降低牧户的生计脆弱性程度，强化规避生计风险的能力，最终实现牧户的幸福。因此，培育三江源牧户的能力，减少牧户的生计脆弱性，增强牧户承受风险损失的能力和提高牧户生计恢复的能力，并重视牧户的生计创新和提高牧户的生计多样化水平，是保障牧户实现生计策略，在牧户福祉水平改善的基础上，激励牧户放弃对草地自然资源的依赖和粗放式利用，最终产生良性的生计后果——福祉改善、自然资源保护的双赢局面。

6.1 三江源牧户参与生态保护中的能力研究①

近几十年来，受气候变化和人类活动的影响，独特而典型的三江源高寒生态系统脆弱而敏感，该区域草场退化与沙化加剧，水土流失日趋严重，草原鼠害猖獗，源头产水量逐年减少，生物多样性急剧萎缩、栖息地破碎化，生态环境质量严重减退。生态系统服务的变化将会影响人类的选择机会和能力（Costanza et al.，2007），进而危及人类社会的福祉，尤其是在生态脆弱区，当某一项生态系统服务相对稀缺时，生态系统微弱变化将导致人类福祉的大幅度降低（杨光梅等，2007）。国内外非常关注生态系统服务与个体福祉之间的研究，如 Ferrer-i-Carbonell 和 Gowdy（2007）关注主观福祉的测量和个体对环境的态度之间的关系；Andam 等（2008）研究了保护区减少毁林对福祉的影响；Nam等（2010）基于可计算一般均衡的综合方法，通过 18 个西欧国家评估空气污染对社会经济的影响，表明空气污染造成的人类福祉损害是巨大的；Fisher 等（2011）认为生态系统的存储和固碳能力下降将影响到其他人甚至社会的福利；杨莉等（2010）评价了黄土高原生态系统服务变化中农牧民的福祉，但对生态系统变化与农牧民的福祉之间的关系及其农牧民对生态环境保护的响应和参与意愿等相关研究未见报道。

因此，探讨生态退化或保护中牧户的福祉内涵及其环境对福祉的影响，全面的度量包括生活满意度等主观因素在内的人类福祉发生的变化，在准确把握和理解牧户对生态保护意愿的基础上制定自然资源管理规划显得迫切而重要。本书探讨了生态保护中的福祉内涵，运用森的能力框架和马斯洛的需求层次理论构建了生态保护中牧户的福祉框架，在对黄河源头玛多县牧户福祉问卷调查的基础上进行了福祉评价，分析了牧户对生态保护意愿和态度与他们的福祉之间的相互关系，不仅对玛多县牧户和生态保护管理具有理论和实际的意义，同时为基于人类福祉的三江源自然资源环境管理和政策制定提供了科学支撑（李惠梅等，2014）。

---

① 本节内容来自课题组阶段性成果《自然资源保护对参与者多维福祉的影响——以黄河源头玛多牧民为例》（李惠梅等，2014）。

6.1.1　生态保护中的福祉内涵及评价框架界定

6.1.1.1　福祉是能力

据李惠梅等（2013a）的研究，人类对生态系统服务产生的供给服务、调节服务、文化服务等功能性活动的自由选择和组合能力构成了人类福祉，即人类在自然生态系统的基础上为实现美好的生活健康体验、各种社会关系归属感、尊重和实现自我价值等而选择各种生活的自由和能力即是人类福祉，而获取更多的自由和选择是人类福祉改善的终极目标，贫困不仅仅是收入的下降，更是人类发展或选择的受限和福祉的下降或者被剥削。

6.1.1.2　福祉的多维性

福利是各种生活功能的能力集合，是多维的。森在提出能力理论来评价福祉时，并未提出确定的维度，而是留下了很大的空间，因此有学者运用不同的维度来验证和反映不同情形下的个体能力，如 Nussbaum（2000）提出了生活、身体健康、身体的完整性、感官、想象、思维、情绪、实践理性、社会关系，以及其他方面（如发挥、控制一个人的环境）10 项人类生活普遍领域的维度来评价福祉；Grasso（2002）运用卫生、教育、社会关系、长寿、就业、环境条件及住房条件指标以系统动力学来解释实施森的框架的可能性，并建立了转换因子模型（CFM），其中功能性活动取决于身体和精神的健康、教育和培训、社会互动三个维度；Veenhoven（2000）和 Boarini 等（2006）从工作、教育、休闲、社会环境、物理环境、政治环境、健康和财富 8 个维度构建了福祉框架。而到底哪些功能（或维度）应该用来评价福祉，需要具体问题具体分析。

6.1.1.3　福祉的递阶性

人类福祉的本质是良好的生活，要充分刻画一个人的福祉或个体是否过得很好，必须在满足一般功能（如营养、安全、保障、健康、长寿、识字、休闲、娱乐、舒适、住房、交通、社会关系等）的基础上，实现较高阶的全面功能（享受生活意义、智慧、成就、和谐、和平、承诺等），体会到美好生活并产生快乐的体验，即福祉具有层次性，高阶的全面功能的实现是以一般功能为基础的，并且不同的功能对福利的贡献是不同的，可以通过权重来体现，即功能各个维度指标加总时的权值应该反映对福祉的相对重要性（Alkire，2005；Robeyns，2006），并应该体现出层次性和阶梯性。

本书结合马斯洛的需求层次理论和森的能力理论，认为福祉是多维的、层次的、递进的。首先，个体的福祉应该满足最基本的物质需求（吃、穿、住、用、行）；其次，个体必须满足安全、健康的基础条件，并在社会关系的支持下，得到身份的认同和自我尊重及文化归属感，而这些维度的实现程度和选择便体现出个体能力的高低；最后，个体在一定的能力（个体自由选择）体现出个体过某种生活的愿望和实现程度，即最终实现幸福的程度，这是能力的体现，更是自由选择的结果，是最高阶的。福利的本质是自由的扩展和发展而实现的美好生活及其产生的幸福，能力和幸福都是生活的内部质量的反映，而能力是生活的功能集合的"生活机会"的选择，幸福是选择之后的"生活的结果"，是生活质量的评价，是整体生活满意度的反映。幸福生活是能力结果的反馈，而能力是幸福生活的必需。个体必须具备一定的能力，才能实现更大的幸福，同时一些重要能力的提高将促进幸福感的增加。

6.1.1.4 生态保护中的福祉内涵

《千年生态系统评估》于 2003 年将福祉定义为人类的体验和经验（阅历、感受），其中包括良好生活的基本物质资料、选择的自由和行动的自由、健康、良好的社会关系、文化认同感、安全感、个人和环境安全等，即生态系统服务产生了福祉：生态系统产生的支持服务是供给服务、调节服务、文化服务三大生态系统服务的基础。供给服务（从生态系统获得的初级产品，如提供食物、新鲜的水、燃料、木材和纤维、生物化学循化、生物基因库）、调节服务（从生态系统过程的条件获得的好处，如气候调节、疾病调节、水调节和净化）、文化服务（从生态系统获得的非物质好处，如精神和信仰、休闲和娱乐、美、激励、教育、文化遗产、归属感）形成了人类福祉的安全，是良好生活的基本物质基础，具有健康、良好的社会关系等功能，而人类为追求有价值的生活而对功能的自由和选择——能力即是人类福祉。生态保护中牧民的福祉变化是指在参与生态保护过程中，生态系统的服务发生了变化，进而导致牧民利用资源的能力和自由（选择）的变化。

福祉是人类的体验，是从生态系统服务中受益的能力（自由选择），包括良好生活的基本物质资料、选择的自由和行为的自由、健康、良好的社会关系、文化认同感、安全感，通过社会、政治和经济因素以及各种环境变化而塑造和产生的（Sen，1999），强烈依赖于不同的人类社会发展的特定文化、地理和历史背景，由文化-社会-经济过程和生态系统服务决定，即环境是人类能力或福祉产生的源泉。自然生态系统福祉关注的不应该仅仅是生态系统本身贡献了多少的功能和服务，而更应该体现在该生态系统环境中以人为中心的人类能力（或自由选择）得到了多大程度的提高或改善；贫穷也不仅仅是收入的下降，更是福祉的下降或个体自由（选择）能力的受限；某一区域的贫穷，不仅仅是指经济发展的不平衡，更是指某种原因（或不公平）使该区域资源利用的机会和能力受限制（如生态保护等）导致的人类发展的受限，或未尊重发展权或有效地对发展受限进行补偿，及其资源环境退化导致人类福祉的受限制，进而导致整体区域发展的不平衡、不和谐等。

本书将生态系统服务和福祉的内涵及其关系用图 6-1 进行了阐释。图 6-1 揭示出，全球变化（气候变化、土地利用、生物化学循化等）和生物多样性变化（物种数量变化、物种丰度变化、空间分布差异等）对生态系统服务具有明显的驱动作用，而生态系统服务产生福祉的各项功能，同时全球变化和生物多样性通过影响生态系统的退化或变化，间接地影响人类福祉；人类福祉是依赖于一定的自然环境和文化、地理、历史背景产生的，并受社会经济系统的驱动和影响；人类福祉用五角形来表达福祉的多维性和层次性，最底层的基本需求是必须满足的，所占权重小，但是面积较大；安全、健康等其次；幸福和生活质量实现程度是最高阶的。人类福祉是环境、能力、生活意义和幸福感的综合体现，是个体在特定的环境下适应、发展和产生一定的健康的可行能力，根据个体的差异和偏好自由选择一定的生活，实现生活的（效用）意义和价值（如环境保护、人与自然和谐、人类共同发展和进步），获得自我实现的满足和最大的幸福。

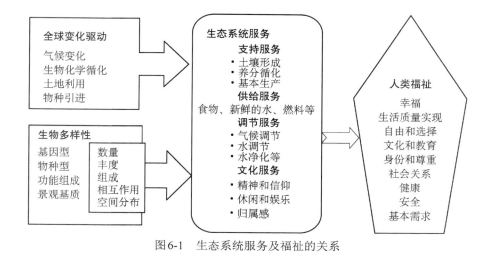

图6-1 生态系统服务及福祉的关系

6.1.2 研究方法

6.1.2.1 参与式（PRA）牧户问卷调查

2012 年 7 月，对黄河源头玛多县参与生态保护响应的牧民（果洛州玛沁县河源新村、黄南州同德县果洛新村、果洛州玛多县玛查理移民村）通过随机抽样调查，开展面对面访谈。当地的妇女不了解家庭状况，故调查对象全部为户主（男性）且以中年为主，当地牧民大多数文化水平较低，不懂汉语，通过藏族学生翻译，共获得有效问卷 159 份。依赞同或满意程度由低到高分别赋值 1～7 来代表满意度（1 为不满意或不赞成，7 为非常满意或非常赞同），并对被访者的人口统计特征及社会属性进行现场调查。问卷内容主要包括：①调查对象及家庭的基本社会经济特征，包括性别、年龄、文化程度、家庭人口、家庭经济收入来源、打工情况；②调查对象对各福祉功能指标的满意度情况（李惠梅等，2014）。

6.1.2.2 能力理论模型及指标选取

本书的主要计量模型采用 Sen（1985）的能力方法解释福利，即假设福利是多维的，能力被定义为某人的可行性功能集，主要包括三个相关的方程组：①$f_i = f_i(r_i)$，表示功能（functionings），f_i 取决于个人（i）可利用的资源（r_i），人们开始用不同的资源禀赋和有关的异质性能力能将资源转化为功能，因此这个方程是公平分析的核心。②$h_i = h_i(f_i)$，总结了个人的幸福、效用，取决于个体参加的功能。③Sen（1985）认为，除了一个人的选择的功能束，所有一个人可以选择其初始资源禀赋的功能束集，$Q_i \equiv \{f_{i1}, f_{i2}, \cdots, f_{in}\}$，也衡量他们自己的优势。集合 Q 指某人的能力集，构建一个人的能力的概况指标必须以自由的自我报告的观察为基础。给定条件：$Q=(q_1, q_2, \cdots, q_m)$，$q_1$ 表示在生活领域 1 的某人的能力分值（李惠梅等，2014）。

结合学者的研究结果及玛多县牧民的实际情况，选取生活、健康、安全、社会关系、教育文化、社会适应、自由公平、生活实现、幸福感九个维度来衡量牧民的可行能力集合，具体内容见表 6-1。

表 6-1　玛多牧民参与生态保护中的福祉指标体系

功能（权重）	指标	指标分量	平均值 移民前	平均值 移民后	权重 移民前	权重 移民后
生活（0.0186）	收入	收入水平、收入稳定、收入来源	6.300	4.994	0.014	0.117
	消费	消费水平、消费满意、物价水平	5.598	1.929	0.031	0.544
	打工	打工稳定、打工满意、技能培训	2.096	2.717	0.203	0.226
	住房	面积、权属、地理位置、设施	1.990	5.677	0.214	0.074
	方便	水电、取暖、交通、医疗、上学、购物	1.453	6.688	0.298	0.015
	社会保障	医疗保险、养老保险、低保、补助	1.775	6.530	0.240	0.023
健康（0.0251）	身体健康	是否疾病、是否残疾、能否正常劳动	2.505	3.652	0.635	0.456
	压力	睡眠、生活压力、	5.199	4.533	0.162	0.294
	精神健康	能正常地思考、认知能力、平和	4.834	4.834	0.204	0.250
安全（0.0353）	人身安全治安	他人伤害、野兽袭击、政治稳定	4.044	6.526	0.484	0.295
		治安状况、小偷、打架斗殴事件	3.900	5.904	0.516	0.705
社会关系（0.0512）		家庭和睦、亲戚、朋友、邻居、干部	5.814	6.414	0.221	0.103
教育文化（0.0745）	生态	气候、清洁空气、安静的环境、景观、卫生	5.208	5.608	0.108	0.165
	文化教育	汉语、教学条件、教学水平、城市文化	1.923	4.673	0.571	0.306
	宗教活动	宗教活动次数及满意度、活动场所	4.786	3.914	0.14	0.449
	休闲娱乐	次数、方式、时间、质量、满意	4.299	6.287	0.181	0.080
社会适应（0.0996）	身份地位	融入感、牧民身份认同感、社会地位	5.994	6.105	0.266	0.136
	歧视	是否有歧视、是否感到排斥、归属感	6.252	4.008	0.188	0.587
	尊重	自我尊重、他人尊重、愿意交往	5.161	5.373	0.547	0.277
自由公平（0.1568）	自由	言论自由、宗教信仰自由、环境自由	6.521	5.721	0.071	0.346
	政治权利	选举权、大事知晓、找干部次数及满意	3.547	6.047	0.737	0.242
	公平	补助公平、住房公平、公正	5.786	5.453	0.192	0.412
生活实现（0.2243）	生活质量	生活目标、生活现状满意度	4.868	4.201	0.638	0.470
	生活满意	政策满意、生活适应、补偿满意	5.689	3.954	0.362	0.530
幸福感（0.3148）	心情快乐	—	6.698	4.981	0.055	0.451
	幸福感	—	5.541	4.541	0.314	0.549

6.1.2.3 权重确定方法

（1）二级指标权重确定：模糊评价法

设牧民的能力集合为 Q，$Q_i \equiv \{f_{i1}, f_{i2}, \cdots, f_{in}\}$，$Q = (q_1, q_2, \cdots, q_9)$，$q_i$ 表示牧民在 i 个生活维度的能力分值；每个生活维度 $q_i = (x_{i1}, x_{i2}, \cdots, x_{ij})$，$x_{ij}$ 表示第 i 个生活维度中第 j 个指标的取值；x_{ij} 值通过将若干指标分量值求算数平均值实现。

q_i 值的获取分两步，首先通过模糊评价法而得到各指标的权重，然后用 x_i 乘以权重加总得到 q_i。

1）隶属度的确定：根据 Cerioli 和 Zani（1990）将这类虚拟定性变量的隶属函数设为

$$u(x_{ij}) = \frac{x_{ij} - x_{ij}^{\min}}{x_{ij}^{\max} - x_{ij}} \tag{6-1}$$

式中，$x_{ij}^{\min}$、$x_{ij}^{\max}$ 分别为第 i 个生活维度中第 j 个指标的最小值和最大值。

2）Cheli 和 Lemmi（1995）将权重确定为

$$\omega_{ij} = \ln\left[\frac{1}{\mu_{xij}}\right] \tag{6-2}$$

该权重公式可保证给予隶属度较小的变量以较大的权重，在福利评价时更关注获得程度较低的指标和功能。

（2）功能指标（一级指标）的权重确定：层次评价法

1）判断矩阵：能力集合的各功能之间是具有递阶性的，因此本书建立的判断矩阵见表 6-2。

表 6-2 功能指标权重判断矩阵

功能	生活	健康	安全	社会关系	教育文化	社会适应	自由公平	生活实现	幸福感
生活	1	2	3	4	5	6	7	8	9
健康	1/2	1	2	3	4	5	6	7	8
安全	1/3	1/2	1	2	3	4	5	6	7
社会关系	1/4	1/3	1/2	1	2	3	4	5	6
教育文化	1/5	1/4	1/3	1/2	1	2	3	4	5
社会适应	1/6	1/5	1/4	1/3	1/2	1	2	3	4
自由公平	1/7	1/6	1/5	1/4	1/3	1/2	1	2	3
生活实现	1/7	1/7	1/6	1/5	1/4	1/3	1/2	1	2
幸福感	1/9	1/8	1/7	1/6	1/5	1/4	1/3	1/2	1

2）计算最大特征值及其对应特征向量：最大特征值 λ_{max} = 9.4086，最大特征值对应的特征向量分别为 0.7108、0.5065、0.3540、0.2448、0.1682、0.1156、0.0797、0.0566、0.0419。

3）一致性检验：对特征值进行归一化得到各功能指标的权重分别为生活（0.0186）、健康（0.0251）、安全（0.0353）、社会关系（0.0512）、教育文化（0.0745）、社会适应（0.0996）、自由公平（0.1568）、生活实现（0.2243）、幸福感（0.3148）。为验证本指标体系的科学性，我们用 CR 进行一致性检验。

$$\mathrm{CI} = \frac{\lambda_{max} - n}{n - 1} = 0.051\,075 \tag{6-3}$$

式中，λ_{max} 为最大特征值；n 为指标阶数。

$$\mathrm{CR} = \frac{\mathrm{CI}}{\mathrm{RI}} = \frac{\dfrac{\lambda_{max} - n}{n - 1}}{\mathrm{RI}} = \frac{0.051}{1.45} = 0.0352 \tag{6-4}$$

式中，当 n=9 时 RI=1.45，0.0352<0.01，认为通过一致性检验，各功能指标是可行的。

6.1.3　玛多县牧民参与生态保护中的福祉变化

玛多县牧民在参与生态保护前后的总体福祉平均值分别为 5.061 和 4.708，福祉水平在一般满意之上（4 为一般水平、5 为较满意、6 为满意、7 为非常满意），即参与生态保护后福祉水平有所下降。参与生态保护前福祉水平介于 4.643～5.482，大于 5 的占 54%；参与生态保护后福祉水平介于 4.333～5.159，大于 5 的仅 5 户，占 3.1%。玛多县牧户参与生态保护移民后，收入指标下降明显且下降幅度较大，由移民前的 6.3 下降为移民后的 4.9，移民后虽然每年可以获得相对稳定的补助（0.8 万元/户），但与牧户在草原生活期间的年均收入（4.9583 万元/户）相比，收入水平巨幅下降，导致牧户的生活陷入贫困化威胁，不仅限制了牧户将收入转为生计资本的可能，更限制了牧户通过转产经营等行为改善牧户的生活及其个人价值的实现，同时也增加了对环境保护政策实施的抵触。玛多县牧户参与生态保护移民后，消费满意指标也明显下降，增加了生活成本，加重了牧户的生活负担和贫困可能性（李惠梅等，2014）。

6.1.4　玛多县牧民在参与生态保护中各功能维度的变化

为进一步分析和比较玛多县牧民在参与生态保护中的福祉变化情况及其原因，我们将各维度的功能值进行了对比，如图 6-2 所示。从表 6-2 和图 6-2 的结果及调研情况来看，玛多县牧民在参与生态保护中除了社会适应、幸福感和生活实现维度之外，其余维度的满意度均不同程度的下降（李惠梅等，2014）。

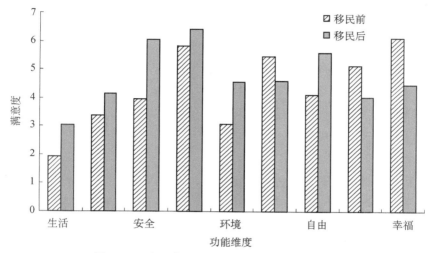

图6-2　玛多县牧民参与生态保护前后福利变化

（1）生活

一方面，玛多县牧民在参与生态保护前的收入较为稳定和有保障，移民后由于习惯了以前的放牧生活，没有其他生活技能，加上语言交流障碍，除了安排了 10 户环卫工外，几乎没有家庭在打工，收入和生活来源全部靠补助和积蓄，故对收入的满意度较低；另一方面，玛多县 2002 年前后几次大型的雪灾，冻死牛羊较多，草场也受到了一定的损害，因此移民对放牧生活有了一定的风险认识，少牲畜牧户、无草场使用权证牧户、老弱病残牧户在移民前收入并不高，是移民的主要群体，移民后虽然补助不能满足生活需求，但身体和其他条件的制约了放牧收入，故对收入的下降不是非常的不满意。生活消费均能从草原放牧中获取（如牛奶、酸奶和肉为主食，以牛粪为燃料），日常生活中花费极小；牧民参与移民后，水电、食物、燃料、衣服等均需购买，加上物价上涨（以羊肉为例，2005 年市价为 13 元/kg，2012 年 7 月市价为 56 元/kg；牛奶 2005 年市价为 2 元/ kg，2012 年 7 月市价为 10 元/ kg）移民入不敷出，故对消费的满意度最低，也直接影响了对其他指标的满意度。在移民前，牧民均居住在帐篷，为太阳能发电，极不稳定，看病、上学、交通、购物等均不方便；移民后住房保暖性和安全性均较好，生活也很方便，农村医疗保险、养老保险、未成年人的补助及低保等社会保障实施非常到位，移民对这几项的指标满意度均非常高，在很大程度上影响了牧民的整体满意度和幸福感。

（2）健康

参与移民的牧民由于长期放牧，多患风湿、心脏病等病症，移民后身体健康的满意度并不是很高；在放牧生活中，担心自然灾害和野兽伤害牛羊，所以睡眠和压力的满意度不是非常高，移民后，对生活收入和未来的生存压力非常大；移民后居住在州府所在地或县城，信息丰富，对政策和其他事物的认知能力相比于移民前有所提高。

（3）安全

牧民在草原放牧时，可能经常遭受熊、野狼等动物的袭击和伤害，因地区偏远和居住分散，很多牧民受一些思想的鼓动，近几年在牧区各种暴力冲突事件和动乱事件较为频繁，使许多牧民的安全受到了一定程度的威胁；移民后，居住在县城，免于野兽的伤害和各种暴力事件的伤害，移民村均有派出所和执勤民警，治安较为良好。

（4）社会关系

移民前后家庭关系、亲戚关系和朋友关系基本无变化；移民后居住集中，邻居关系的满意度大大提高，牧民找村干部反映问题的次数大大增加，与其他民族打交道的机会也增加。

（5）教育文化

玛多县气候苦寒，牧民移民后居住区气候的满意度较高，但对移民前的生态景观、清新的空气等满意度较高；大多数牧民对移民后的教育文化非常满意；移民后大多数牧民的宗教信仰受到了一定程度的影响，满意度稍微下降；由于闲暇时间增多和县城的娱乐活动丰富多样，牧民对移民后的休闲娱乐的满意度较高。

（6）社会适应

除了同德县移民区安置在黄南州外，玛多县移民均安置在果洛州境内，故同德县移民区的牧民感觉有歧视感、排斥感，语言也有些微差异，尊重和归属感较差；牧民移民后均具有城镇户口，但大多数牧民仍然认为自己属于玛多县牧民，适应性较弱。

（7）自由公平

在移民前，牧民居住分散，选举、村里大事知晓等均有滞后性，找干部反映问题也相当不便，移民后政治自由权利得到较好的保障；言论自由和宗教信仰自由并无受到移民后的较大影响，但生态环境使用和享用以及迁移的自由受到了较大的制约和限制；有些移民区的住房开始出现裂缝和漏水，房屋质量不满意等，导致对自由维度的满意度较低。很多牧民知道某些政策和优惠措施，但不知道如何享受和使用，故不存在公平和公正。

（8）生活实现

大多数移民对目前的生活现状非常不满意，对不能放牧的生活非常不适应，63%的牧民想返回草原居住，其余的牧民因为子女上学而无奈地留在县城，很多牧民认为在补助的发放和政策的执行过程中存在着许多不公平，故移民对生活实现维度的满意度比移民前低。

（9）幸福感

移民的牧民虽然生活困难，但觉得在草原生活的幸福感更高，心情也更快乐。

6.1.5 玛多县移民参与生态保护后的贫困解释

贫困不仅仅是收入的下降和生活水平的下降，更是个体能力的不足和个体在面对各种风险、调整或者政策调整时，没有能力过上以前的生活或实现和改善原有的福利水平，包括文化知识不足导致的能力下降及其收入下降引起的贫困，生计不可持续性和生态退化或被限制等引起的贫困。

（1）收入下降

收入高低虽然并不直接决定幸福，但当收入不足以支撑有质量的生活或生活无忧时，幸福感一定受收入的决定性影响。三江源生态保护项目实施后，外出务工和转产经营理论上应该是玛多县移民现金收入的主要来源，但玛多县牧户在移民前鲜有打工经历和除放牧外相关的就业技能，虽然移民后部分牧户得到了如驾驶员、环卫清洁等相关的就业培训，但受语言交流的限制和生活习俗的制约，90%以上的移民牧户未通过打工来获得收入，而是依靠政府的补偿金和亲友救助作为生活来源；移民区的经济水平决定了能提供的保安、环卫和清洁工等就业岗位，即移民的就业转移能力极有限，移民实现高质量就业的机会大大缩水；在强烈的就业压力与强竞争下，牧户因教育和技能的缺乏往往不具有竞争力获得高薪的就业岗位，只能去建筑工地、服务业等从事一些体力的、技术含量较低、不需要大量的语言交流的、收入低且不稳定的工作；移民户多为老年、身体有疾病和幼年牧户，因身体状况而不能打工；各种综合原因也解释了三江源移民不愿意和很少打工以维持生活，导致玛多县移民在参与生态保护项目后的收入水平骤减，同时因物价上涨导致草原食物（如奶制品、肉类）价格上涨，进而使移民的生活成本、消费的基本需求未能有效满足，一方面使牧户的物质生活的贫困风险加大，另一方面将影响其他福利功能的实现，进而导致牧户的福利水平下降，甚至陷入贫困化。

Cao 等（2010）的研究指出，环境保护项目成功的核心动力取决于维持和增加参与项目农民的收入，当移民、禁止放牧、限制放牧等生态保护措施使牧户和当地政府的收入与获利远远小于草地放牧用途的收益时，而补偿不能持续或补偿资金有限且不能弥补牧户及地方政府的福利损失，且移民区和保护区缺乏或没有迅速以替代性产业、畜牧深加工产业、旅游经济来促进当地的经济发展，移民区和牧区尚未形成新的经济增长点来解决和刺激牧户大量剩余劳动力就业以获得生活收入时，牧户的收入必将会下降甚至陷入贫困的威胁，移民牧户的生存问题与环境保护目标必定是相冲突的。往往环境保护与由自然资源能源和利益驱动的土地利用方式相冲突时，环保目标根本无法实现（Agrawal et al.，2008），此时牧户与地方政府往往会受个人利益或个人效用最大化的驱使而选择更加疯狂和粗放地利用、破坏草地资源而非保护，贫困导致环境破坏，而环境破坏又将不可避免地加剧贫困的恶性循环，不仅使牧户等直接生产者对环境保护项目的抵触和不参与，也将使环境恢复及保护项目的可持续受到极大的挑战，更因牧户福利下降甚至贫困而有悖于环境保护项目的诸如消除贫困、福利公平和环境保护等社会福利最大化的核心目标。

因此，三江源环境保护项目因未能有效地解决牧户的收入来源和生存问题，使牧户的福利受损以及参与生态保护项目的响应下降，不利于区域及其牧户的公平发展权益，也增加了生态环境恢复及保护目标的不可持续性，将不可能实现消除贫困和环境保护的社会福利最大化。

（2）知识性贫困

环境保护项目的实施往往增加了弱势群体（受教育程度低、收入少、老年人群、妇女等）的生存风险。受教育程度越高的牧民就业能力越高，这部分人群在面对环境利用限制（如限制放牧、禁止放牧）而遭受经济损失的过程中，可以通过打工、转产经营等方式来改善生活，也就降低了贫困化和福利下降的风险，也往往具有较强的竞争力和适应能力，在各种逆境中得到生存与发展获得稳定性和较高收入的可能性越大。同时受教育程度和技能还会影响牧户的社会交往及其各种政治权利和发展机会等参与社会选择的机会，因此也可能限制牧户通过各种社会资源、社交网络和社区来获得各种帮助与支持，进一步使牧户的福利受到剥夺的威胁。在发展中国家和贫困地区，妇女、儿童、老年人和低收入等弱势群体的福利水平本身不高，因此在面对各种自然灾害、极端事件和诸如环境限制利用等威胁他们生活来源的环境政策时，他们因能力有限、家庭资本不足和社会资源有限而抵御风险的能力更为低下，极容易陷入贫困化或贫困风险更高。参与三江源生态移民的牧民基本上是以极低或者为零的教育水平、少牲畜牧户、老年牧户为特征的敏感性、脆弱性的弱势群体，在三江源生态保护项目实施过程中，福利受损、面临贫困化的风险要远远高于其他环境保护项目，由此可见，三江源参与生态保护项目的弱势群体更需要接受教育、社会福利（经济、宗教和文化支持）的帮助和人文关怀，以确保他们在三江源生态移民和限制放牧项目参与中甚至结束后，通过替代放牧活动寻找到新的生存途径和生存保障来减弱陷入贫困的风险。因此探讨这一特殊知识性贫困群体如何在生态保护项目中，狠抓基础教育和义务教育、配套职业教育和技能培训体系，增加就业资本，并通过完善的社会保障和社会救助体系，构建以避免贫困化或以提高他们的福利水平为目标建立生态补偿机制或环境保护政策，对减小响应和参与环境保护群体的贫困与改善牧户福利水平以促进环境保护具有重要的现实意义，即发展教育是环境政策与项目决策与调整的重要内容之一。

（3）生态性贫困

一般生态退化、资源贫乏或限制利用所引起的区域经济发展受到阻碍、因生计的受阻使农牧民生活水平下移或发展受到限制等的现象称为生态性贫困。生态退化将引起农牧民的经济收入下降和农牧业经济受挫等不良后果，而如果环境修复不能改善牧户的福利，反而在一段时期内加重农牧民的贫困程度和贫困风险的话，那该环境政策将是不可持续的，也是低效的。理论上，自然资源和天然植被保护会起到提高农作物和畜牧产出，减缓贫困促进区域经济发展和环境保护的重要的意义（Chambers and Conway，1992；Kerr，2002），但环境恢复并促进农牧经济的发展往往需要在较长的周期内才能实现，而在此过程中，农牧民的经济收入和福利的受损及补偿尚不能持续、有效地弥补农牧民参与环境保护项目而导致的损失时，必将导致为环保而放弃自然资源使用的人群（农牧民或区域）的福利大幅度受损，也不符合环境保护的目标和公平原则；更深层次上看，环境得到恢复及保护后受益的往往是流域中下游甚至是更广泛的群体，同时社会效益得到一定程度的增加，而保护区农牧民的福利和区域的经济发展权利却受到巨大的损失，即环境保护的受益人群和利益受损人群之间的福利并不是均衡的，或者说环境保护项目实施不符合帕累托改进原则；同时将会由于农牧民福利的受损和贫困、区域经济发展受阻、补偿不到位和福利不均衡而使得这些人群参与环境保护的积极性和主动性受挫，导致生态环境保护目标难以实现，即社会福利不可能实现最大化，环境保护项目的成功必须要以福利损失能被完全补偿或参与环境保护后的福利至少要优于参与之前的补偿机制来保障，同时应该确保各个团体均能受益和公平时，才能减弱环境保护项目带来的贫困，进而实现环境恢复和区域生态经济发展的可持续。

（4）生计能力不足

2000 年由 DFID 建立的可持续生计分析框架以森的能力定义和贫困内涵为基础，指出生计由生活所需要的能力、资产（包括物资资源和社会资源）以及行动组成，该框架综合了对能力性贫困、脆弱性、风险处理、农村个体和牧户对变化的环境与打击的适应等方面的内容（Carney，1998），即只有当牧户具有一定的能力，并能够在自然灾害、各种风险、社会冲突和经济发展压力和打击下，仍然能够在当前和未来保持、恢复乃至加强其能力和资产并避免陷入贫困，同时又不损坏自然资源基础时的生计才是可持续性的。在该框架中，能力是关键，生计资本是面对各种风险和脆弱性环境的核心，而脆弱性环境则反映了个体在承受、应付、抵抗灾难或风险以及从这些影响中得以恢复生计的能力。

人类的生计严重依赖于自然资源，Lamb 等（2005）的研究表明，生态修复和生态环境恢复及保护项目虽具有增加生物多样性、改善生态功能和人类生计等作用，然而只有在当地居民接受新技术并且新的经营方式的效益得以显现时才会有效,而三江源生态保护项目实施中并未能建立起强有效的技能培训、帮助就业体系、特色畜牧业产品加工、现代畜牧经济、特色旅游业和服务业等能使参与生态保护项目的牧户迅速接受并能从事的生计产业体系及其就业环境,即牧户参与生态保护政策中面对的生计风险和环境脆弱性非常高,将使这部分牧户的生计可能受到致命的打击和损害。第 5 章的研究表明,牧户在参与生态保护项目中,由于本身受教育程度、生活生产习惯、生存技能及其社会资本的限制,单一的生计方式——利用自然资源的机会和选择被限制甚至被剥夺,使牧户面对风险和恢复生计的能力非常有限或根本不具备,也决定了牧户在面对环境保护政策、限制发展和区域经济不发达等脆弱性环境时,牧户在抵御贫困威胁和改善福利的能力的缺乏与不足。往往粗放的、单一化的个体小农经济和放牧经济都因规模小、技术水平低、资本少而体现出抵御风险能力弱和脆弱性强的特征,难以预测的自然灾害、气候变化、环境退化及其环境修复政策对这些牧户的生计和经营能力往往具有毁灭性的打击(Böner et al.,2007)。一方面,牧户在草原放牧活动中积累的生计资本和社会资本等,在牧户面对完全不同的生活环境时,在牧户重新选择生计过程中并不具有重要的支持意义;另一方面,有研究表明贫困人群的个体行为(包括学习和对环境的适应)呈现记忆性的路径依赖,具有滞后性,表现出非马尔可夫行为或者时滞性(Cao et al.,2009),也就是说牧户在重新生计选择中往往因路径依赖、区域环境和个体能力的影响,而局限于单一性、类似性生计或没有摆脱牧区资源环境和自身教育文化技能等就业竞争力的限制,也不具备突破和改变原有的土地利用方式或资源使用方式、生计方式的能力。综上所述,三江源生态保护项目因损害了牧户的生计和能力,加重了牧户的贫困程度和贫困风险。值得注意的是,这种结果可能会使牧户迫于生存和生活而趋向于抵抗生态保护项目或在项目结束后恢复以前的生产生活方式,造成生态环境进一步退化的威胁。可见,在生态保护项目中,考虑牧户的生计及其能力的补偿,并通过各种基础设施建设和适当发展区域的经济,以使牧户的生计得以恢复和保障,是改善牧户福利,并保证生态环境恢复及保护的重要前提,更是鼓励人们去追求既有利于自然环境又有利于人类生存的可持续发展方式,以促进区域生态经济可持续发展和社会福利最大化的关键。

6.1.6　结论

人类在自然生态系统的基础上为实现美好的生活、健康、体验、社会关系、归属感、尊重和实现自我价值等而选择各种生活的自由和能力即是人类福祉，而获取更多的自由和选择是人类福祉改善的终极目标，也是人类发展（能力提高）的最终追求。贫困不仅仅是收入的下降，更是人类发展或选择的受限和福祉的下降或者被剥削。我们研究的福祉不是为了纯粹地追求自然资源或者自然资源的经济价值，真正的着眼点是在生态环境中人类能力的提高。

个体的福祉是多维的，个体在实现能力的过程中，各维度功能之间是递阶性的，低阶性的功能实现程度有可能影响高阶性的功能实现，进而影响个体能力的实现。玛多县牧民在参与生态保护后的能力（福祉）受到了一定程度的损失，从 5.061 变为 4.708，主要是由于收入和消费的低阶需求未能有效满足与实现，影响了生活实现和自我价值的实现、归属感等高阶性的功能，进而导致福祉下降。个体的福祉受个体环境态度的影响，个体的幸福感是个体能力的体现，更是个体选择过自己想过的生活和生活实现程度的体现。

贫困不仅仅是指收入的下降，更是指能力的受损，指获取自然资源的能力或机会的受限，以及不能自由选择和发展的受限制；发展不仅仅是经济增长，更是人类能力的提高和扩展，包括人类的自由、环境保护、文明、平等及人类和谐进步。在生态保护过程中，部分人群的资源利用和开发权利受到限制，甚至部分长期依赖且只能依赖当地的生态系统服务以维持生计的人群（如牧民无其他技能，只能通过放牧来维持生存和生活），利用自然资源的机会和自由以及实现一定的社会关系、娱乐休闲、自身价值、文化承载、环境保护等能力均受到了较为明显和重大的限制与改变，致使福祉受到了损失。当然本书的评价仅仅属于定性研究，为实现进一步的补偿机制，加强福祉损失的货币化及其损失的量化研究非常必要。

我们的环境政策应该以维持和增加参与项目牧户的收入、生计能力和福利为核心，激励环境保护目标与社会福利目标（牧户福利改善、区域和社会福利均衡）的可持续性。在环境保护补偿中，不应仅仅着眼于经济补偿，更应充分考虑当地居民最基本的生存与发展权利，做到从禁止放牧、限制放牧的产业结构调整到优势（支持）产业形成以保障牧户的生计能力，建立与经济、社会综合发展的环境政策,把发展经济、改善教育、提高居民的生活质量与环境保护有机地结合起来,如开展现代畜牧产业经济以提高区域牧业生产能力和增加牧户能从事的经济发展项目、提供岗位培训与信息服务为牧民提供更多的就业机会、提高弱势人群的社会福利保障以防止和减少陷入贫困化的风险和程度,提高改善牧户福祉的能力,以激励和促进牧民参与生态保护和建设的主动性与积极性,以提高人类能力和发展为主题,在可持续发展的综合理念下制定自然资源保护和管理规划,加强生态恢复研究和建设,并设计政策工具和机构来公平、有效地管理生态系统,最终促使有效的生态系统保护–提高人类福利–发展的多赢局面的实现。

草原文化及宗教信仰对多牧户行为选择、生计及其福利的影响是一个很重要的内容,宗教和文化指标的量化是关键,本书仅用满意度来衡量,导致计算结果可能存在诸多误差,此外生计的量化和评价、生态保护项目中牧户福利影响因素的定量分析,尤其是牧户生计能力与牧户福利的关系和影响程度、牧户的行为选择与其福利变化的关系等研究,都将是本书今后研究的方向。

6.2 三江源移民的生计资本、能力和幸福感关系

为进一步分析牧户的生计资本、能力和幸福感的关系,我们以三江源移民为例进行了探讨,如图 6-3 所示。

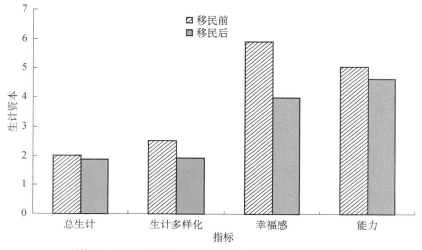

图6-3 三江源移民的生计资本、能力和幸福感关系

从图 6-3 可以看出，三江源牧户移民后，牧户的生计资本受到了较大的冲击，同时牧户的可行能力下降，导致牧户的幸福感严重下降，即牧户的生计资本、能力和幸福感之间存在着显著的一致性和正向相关性。在第 4 章的牧户参与生态保护行为意愿中，我们假设牧户参与生态保护的前提是牧户的福祉水平不下降或不受威胁。而我们的研究结果表明，牧户参与生态保护后，牧户的能力受限制，而不能实现生计活动使牧户的福祉水平（幸福感）显著下降，这将使牧户对生态保护的参与性下降，并抵触生态保护计划和行为，增加保护实施成本，也不利于社会稳定和谐和实现区域的可持续发展，也不可能实现社会福利的最大化。因此，如何提升牧户的生计能力是我们区域自然资源管理的核心问题。

6.3 生计多样化、能力和幸福感关系的计量分析

本书通过生活满意度的方法来探讨福祉和能力，故能力和幸福生活均可能受生活满意度的内生性影响。要实现幸福，能力是必需的，且幸福在很大程度上反馈了能力的大小；牧户的生计多样化水平是牧户实现能力的体现，牧户的生计多样化水平间接决定了牧户的幸福感。因此，为探讨幸福感、能力与牧户生计多样性的关系，构建如下模型：

$$F_{kn} = \alpha + \beta SWB_n + \gamma LD_n \tag{6-5}$$

式中，F_{kn} 为一个 k 集的解释变量，即本书中的福祉能力集合评价值；SWB_n 为不可观测的潜在变量，通过幸福感满意问题的答案获得，为 $1 \sim 7$ 的数字；LD_n 为问卷受访者的生计多样性水平，根据牧户的生计种类赋值，为 $1 \sim 7$；n 代表个体；α 为估计截距项和误差项。

我们运用 Stata 12.0 对牧户参与生态移民后的幸福感（SWB_n）与其能力集合（F_{kn}）和生计多样化水平（LD_n）进行了多元回归分析，R^2 为 0.706。一方面，牧户的能力和生计多样化水平等在区域间差异较大；另一方面，个体的能力和生计多样化水平直接存在一定的相关性，使总体显著性不高。结果如下：

$$F_{kn} = 2.929 + 0.34 SWB_n + 0.1357 LD_n \tag{6-6}$$

模型结果表明，牧户的幸福感越高，则牧户的福利水平越高，牧户的可行

性能力越强；同时，牧户的生计多样化水平越高，则牧户的能力水平越高，牧户越有可能通过自身的能力去实现生计策略以改善牧户的生活水平。结果也表明，三江源牧户移民后，牧户的幸福感比较低，是因为牧户不具备足够的能力去运用各种生计资本，或牧户缺乏实现各种生计目标的选择和机会，去实现更高的生计多样化水平，以改善牧户的收入和生活目标，牧户的个体价值不能得到体现，导致牧户自信心的受挫和牧户的安全感下降；牧户也缺乏抵御各种环境和福利损失的风险，不仅导致牧户的生活质量不能提高，也使个体的发展受到限制，面临脆弱性和贫困风险的威胁，导致牧户的幸福感下降。牧户的生计多样化水平不高不仅是能力受限的结果，也是幸福感下降的原因。

给我们的政策启示是，我们应该强调以人为本，提高个体的可行能力，尊重牧户个体的发展，才有可能促进社会经济乃至区域的发展。

6.4 三江源牧户可持续生计能力培育策略

综上所述，三江源增加牧户生活幸福感的关键是通过增强牧户的个体能力，并促进牧户的生计多样化水平。牧户的生计能力的培育和提高不仅是促进个体发展的突破点，更是区域可持续发展的核心和区域自然资源实现可持续管理的重要切入点。

首先，牧户的人力资本是一切生产力的创造者和核心，更是个体能力提高和发展的基础。针对三江源牧户的人力资本中教育水平和技能极低的特点，应该在继续巩固三江源青少年的基础义务教育和中老年扫盲教育的基础上，加强适合三江源中青年牧户适应能力和兴趣特点的职业教育与技能培训，全面提高牧户的教育文化水平和就业技能水平及科技含量。这不仅可以增加牧户对就业信息的获取渠道和获取量以提高就业率，主动获取适合牧户的就业岗位信息和各种投资与经营机会，引导牧户实现多途径的、多种类的就业，还可以让牧户增加自主选择的机会，提高牧户的选择权和体现牧户的能力，满足多方位的、不同层次的就业需求，以最大限度地增加牧户的生计多样化和可行能力，并改善牧户的生活收入水平，促进个体的自我发展和区域的经济发展；可以促进牧户的就业能力和扩展牧户能胜任的就业岗位和就业机会，拓展牧户的生计途径以提升个体的就业竞争力，增强牧户面对环境退化、污染或使用权受限以及各种政策性因素导致的脆弱性引起的各种风险承受能力、福利损失风险抵御能力以及恢复生计能力和继续实现有质量生活的能力，全面提升个体的可持续能力发展，并实现牧户的福利水平改善和区域生态经济可持续发展。

其次，三江源牧户的生计脆弱性和贫困风险较高，是牧户生计能力提高的重要制约因素，也是牧户幸福感改善的重要威胁。揭示出，降低牧户的生计脆弱性也是从另一个角度提高牧户的能力，以降低和防止牧户陷入贫困化的困境。贫困不仅仅使牧户的收入下降，更使牧户的生计资本原始、单一，并缺失牧户进行生计模式和策略选择的能力和机会。因此，第一，从牧户生计资本最薄弱的、脆弱性最大的环节出发，针对三江源牧户最主要的虫草生计的脆弱性，全面制订虫草的生产—销售计划，改变无序的、粗放的、破坏式的开发方式，以抵御价格波动和投机带给牧户的风险；加强虫草的栽培和引种技术的科研，减少对草地生态环境的压力和虫草绝种产生的毁灭性风险；延伸虫草产业链和开发其他产品，开发出符合各市场需求层次的多元化产品体系，改善产品单一化带来的竞争力不高和各种需求不能满足的局面，扩大市场竞争力；借助现代的营销和品牌化运作方式，提高虫草的文化、科技附加值，使虫草产业不再是单纯的商品销售，使之成为一种品牌、文化和特色化的象征，提炼虫草产品的核心竞争力，不仅增加牧户的获利空间和稳定性，更使虫草产业成为区域经济发展的垄断性优势。第二，三江源牧户的主要生计方式为放牧，但同样存在畜牧产品单一、产品结构简化的制约性。因此，开发畜牧产品的横向、纵向产品体系，增加产品的竞争力是牧户收入增加和收入稳定的重点，更是传统放牧生计创新和走向现代化经营模式，并大幅度改善牧户的生产生活方式，引导牧户将工作仅仅作为生活的一部分，让牧户充分享受现代化的生活；三江源放牧分为分散式、粗放式，因此有必要在政府有规划的资助和帮扶下，集中力量实现规模经营，增加产量和竞争力以抵御分散牧户的经营风险；将放养方式逐渐改为饲养和圈养，通过企业和牧户合作互助的方式，建立牲畜饲养—产品深加工—销售的一体化模式，在保障牧户的股权收益的基础上带动牧户致富，不仅可以减轻草地生活环境的压力，也可以增加更多的就业岗位并将牧户从繁重、枯燥的放牧劳动中解放出来，参与其他生计方式以提高牧户的能力，并从根本上改变三江源经济发展方式。第三，三江源牧户缺乏将各种生计资本进行积累、整合和有效配置的能力，导致牧户生计策略和福利目标难以实现。可见，促进牧区的经济发展，改善牧户的文化、交通、医疗和教育等基础设施建设水平，引进各类投资和改善投资经营环境，增加牧户的物质资本和人力资本及生计机会，制定长远的、有针对性的扶贫规划和金融贷款支持计划，帮助牧户分析生计策略和投资经营计划的可行性及面临的风险，扶持牧户设计资本投资计划和制定生计模式选择策略，分期地、递进式地鼓励和帮助牧户进行投资与经营等资本化活动，彻底地改善牧户的低生计水平现状，提高牧户的生计能力，并促进区域的经济发展。第四，三江源拥有独特而奇美的自然风景，特色的、神秘的藏传佛教文化，结合这两大优势，大力发展生态观光旅游、生态牧业旅游、生态文化旅游，并带动旅游产品、旅游纪念品的开发和销售，是实现区域生态保护、牧户生计能力提高和福利改善、促进区域经济发展和繁荣的有限途径。

再次，三江源牧户发展和提高生计能力最大的瓶颈是金融资本的实现。因此，通过政府的政策性支持和政府公共担保，让牧户能获得长期的贷款支持，促进牧户的投资、创业等生计创新；同时建立有针对性的牧户合作组织，使牧户能够借助组织力量突破各种金融资本投资、产业经营和地区歧视等的壁垒和障碍，降低交易成本，实现投资和融资、经营的产业化、金融化、组织化和社会化，实现现金积累到资本化运作的商业化模式转变，提高牧户的商业运作和竞争能力。

最后，牧户传统生计行为与生态系统恢复目标相悖，政府的阶段性补贴以及生态保护等政策是难以长期奏效的，是不能长期维护牧户最基本的生计需求的。牧户的生计方式如果不能发生成功的转换和替代，牧户必将寻找另一种利用自然资源甚至是破坏的方式来实现其生活目标，将对生态环境产生更不可估量的破坏，也不利于可持续发展目标的实现。中国退耕还林和退耕还草计划、天然林保护计划等项目，所取得的生态系统恢复成效，除了生态治理项目本身作用外，主要归功于牧户生计的正向变化。

三江源牧户为了生态保护和可持续发展被迫放弃草地资源的使用权限和获益程度，使其自身陷入福利损失和贫困的风险困境，既不符合福利均衡和社会效益最大化原则，也不符合公平和可持续发展的要求。因此，让享受三江源生态效益的区域对三江源牧户做出补偿，在对牧户的福祉损失精确核算的基础上，对牧户放弃自然资源的使用而损失的发展权进行补偿，并让牧户分享生态保护带来的外部性效益，即继续对三江源牧户进行更有效的生态补偿，是改善牧户的福祉水平，促进牧户参与生态保护的积极性和持续性，防止牧户陷入贫困化的根本性措施，也是实现三江源牧户最大的自由和区域可持续发展的必要手段。

总之，针对三江源牧户生计水平不高、生计能力有限、生计资本脆弱性大的特点，避免各区域生计基础的缺陷，发挥区域优势，通过促进区域经济发展和改善各种生计环境，使牧户逐步实现生计方式转换、生计方式创新和生计来源的多样化，提高牧户的生计能力和增强牧户抵御风险的能力，使牧户过上高质量的生活，科学的生态补偿机制能有效地防止牧户陷入贫困化，并促进社会福利的均衡，最终实现区域生态经济可持续发展。

第7章 结论与政策建议

　　本书结合行为经济学理论、生态经济学理论、福利经济学理论和生态学理论，在《千年生态系统评估》的研究基础上，分析了三江源草地生态保护中牧户的保护行为—生计—能力（福祉）框架，认为牧户应对脆弱性（气候变化、政策等）的能力和生计资本大小决定了牧户选择何种生计策略，而所产生的生计后果不仅仅是可行能力的反馈，更进一步影响着牧户的福祉能否改善和生态保护的可持续发展的实现，并指出提高生计能力是改善和缓解牧户参与生态保护中的福祉和贫困，以实现主动式参与生态保护的关键。

　　在上述相关理论分析的基础上，本书采用实证研究方法，以三江源自然保护区为研究单元，探讨了三江源牧户在草地生态保护中的退化感知、行为选择模式机理和参与生态保护的意愿等行为及其影响因素，评价了三江源牧户在参与草地保护中的生计状况和福祉状况，基于可持续生计框架，定量地分析了三江源牧户草地生态保护中的生计、能力和幸福感的相互关系。

　　本书指出三江源牧户增加其生活幸福感的关键是通过增强牧户的个体能力，并促进牧户的生计多样化水平。培育三江源牧户可行能力，减少牧户的生计脆弱性，增强牧户承受风险损失的能力和提高牧户生计恢复的能力，并重视牧户的生计创新和提高牧户的生计多样化水平，是保障牧户实现生计策略，在牧户福祉水平改善的基础上，激励牧户放弃对草地自然资源的依赖和粗放式利用，最终产生良性的生计后果——福祉改善、自然资源保护的双赢局面。可见，牧户的生计能力的培育和提高不仅是促进个体发展的突破点，更是区域可持续发展的核心和区域自然资源实现可持续管理的重要切入点。

7.1 主要研究结论

7.1.1 牧户参与生态保护的退化感知是生计和认知共同影响下的决策结果

牧户对生态退化的感知在很大程度上影响着当地的生态安全，更是产生保护行为响应的前提。三江源牧户对草地生态退化有一定程度的感知（均值为 4.048），但只限于对如鼠害猖獗和黑土滩现象等退化比较明显的表现，对其他退化表现感知还很薄弱；牧户的退化感知与客观的退化格局基本吻合。

当地生活的牧户往往出于防范心理或者对未知环境政策带来自己损失的风险的回避选择对退化感知不太真实的回答。因此我们运用 Tobit 模型分析和还原了部分缺失的数据，发现约有 62% 的牧户对三江源草地生态退化有一定程度的感知，牧户的草地生态退化感知显著地受牧户的生计水平的负影响和拥有牲畜数量的正影响，影响系数分别为 -0.247 和 0.162。牧户的年龄、劳动力数量和牧户所处的区域优势等生计资产能力对牧户的草地生态退化感知有正影响，而牧户出于风险损失的考虑，与外界接触程度越大，退化感知越低，即距离城市较偏远、与外界接触程度较低的牧户具有较高的退化感知，同时，生计能力较弱（年老、牲畜数量少且劳动力少）和生计水平较低的牧户具有较高的退化感知度，也表明三江源牧户的退化感知是生计和知识认知共同影响下的决策型结果。

牧户的退化感知主要受其生计水平和生计资产的影响，每增加 1 个单位的生计多样化水平，相对于高感知度而言，牧户的退化感知从未感知变为有一点退化感知和比较明显的退化感知的可能性均提高 24%。假设牧户具有较高的生计水平（稳定收入和稳定工作）时，牧户的低退化感知度将大幅度增加。提高牧户的生计水平是提高退化感知度和区域生态经济可持续发展的关键举措。提高牧户的生计水平和促进牧户的就业能力，改善牧户的福利水平和增加牧户的选择机会，可增强牧户实现创收和面对风险损失的能力，更能让牧户在减小福利损失的前提下逐渐减少对草地生态的放牧压力和依赖，并产生真实的生态退化感知，进而产生保护意愿。

三江源牧户的退化感知与生活满意度在一定程度上呈负相关，可见生态退化及其牧户的退化感知导致牧户的生活满意度下降，揭示出，三江源草地生态退化将影响牧户的福祉，实施生态保护刻不容缓，而制定使牧户的福祉受益并且得到牧户支持和参与的环保政策，更是能否在当地实现可持续发展和保护的关键。

因此，从根本上解决三江源牧户严重依赖草地生态而生存的单一化的生计问题，通过优化牧户的生计方式来影响和调控当地草地生态退化趋势，在改善牧户生计问题的基础上制定牧户认同和支持的自然资源管理政策，才有可能实现区域自然资源可持续利用的良性循环。

7.1.2 牧户生态保护行为响应机理

牧户对生态退化的认知和响应是生态保护战略有效实施的关键，是区域生态经济可持续发展的前提。民族地区因个体的特殊性及其生活环境以及习惯的影响，个体的行为选择往往并非就是理性的或者非理性的，可能是二者在不同条件下的实现或者转化。因此，分析三江源牧户这一特殊群体的生态保护行为响应机理是必要的，对后续环境项目实施具有重要意义。

三江源 87%以上的牧户明知参与保护行为会带来一定的损失，仍然愿意并且做出了利他性的保护行为响应，可见牧户的保护行为响应似乎并非出于效益最大化原则。三江源牧户受自身文化水平和技能的制约以及自古放牧的生活习惯和宗教信仰（不杀生的环保思想）的影响，对生态退化以及选择保护带来的福利减损风险不能准确预知，在大范围实施生态保护的政策下，牧户基于有限理性做出了响应的行为决策。三江源已经大范围实施生态移民、限制放牧等措施，牧户对参与保护的损失是有一定的认知的，在这种情形下做出的行为选择往往是出于风险偏好在决策性功利驱动下经过慎重思考追求损失的减小最低。

三江源牧户的生态保护行为响应是基于不确定性条件下和出于公平心理偏好下的有限理性，在生态退化感知认知-刺激-行为的基础上，在如生存的需求、可持续发展的需求和对环境舒适性的需要等各种内在需要和如环境保护政策的影响等外在的影响下，基于有限理性而采取的福利风险防损型生态保护行为选择模式。牧户的生态保护行为响应是在退化感知和生态保护的正外部性认知的刺激下产生的被动保护行为响应与高生计水平下基于有限理性选择的主动保护行为响应的结合。

三江源牧户的生态保护的综合响应度总体较高，为 0.609。牧户对减少牛羊数量为核心内容的限制放牧保护模式、加固网围栏或轮牧休牧等生态工程建设的响应度较高；牧户响应水平随退化感知、退化趋势和生计水平的不同而表现出明显的响应差异。同时，牧户生态保护响应度与退化感知度、生态保护的正外部性认知和生计水平呈显著的正相关，且受生态保护的正外部性的影响最大。三江源环境保护项目只有在充分考虑了牧户的福利问题和切身利益的前提下，并且有效地解决了牧户参与环境保护项目的福利损失风险时，生态环境恢复和保护政策及战略才会得到牧户的响应、支持和参与。

必须迫切地从根本上解决三江源牧户严重依赖草地生态环境而生存的单一化、低水平的生计问题，一方面通过发展绿色经济和产业深加工等延伸产业链方式提高生计水平和增加就业机会，让牧户有能力通过放牧之外的其他方式和途径来获得收入，并改善牧户的福利水平，只有这样牧户才有可能避免响应环境保护项目而使福利受损的威胁，基于机会成本而放弃对放牧型生活方式的依赖而选择响应生态保护行为；另一方面正确地计算牧户在参与环境保护项目中的福利损失，进行生态补偿以保障牧户在环境保护行为响应过程中福利水平不下降和降低生活困境风险，才有可能刺激和鼓励牧户主动地响应环境保护行为。

7.1.3　牧户生计策略影响下的保护行为决策

本书通过理论分析并实证研究了三江源牧户选择生态保护的行为决策，既不是完全的按照经济学的利益最大化原则，也不是基于风险厌恶的保护行为，而是在生态退化刺激下和宗教信仰的影响下，牧户基于有限理性而形成的特殊的被动行为决策机制。三江源牧户的保护行为响应基于有限理性，牧户所处的区域优势不仅影响了牧户的生计选择，也对牧户的福利水平和风险面对能力产生重要的影响，并通过牧户的生计资本共同影响牧户的生态保护行为决策。

三江源牧户拥有的生计资本影响了牧户的生计策略，并导致了不同的生计结果，进而表现出不同的环境态度和行为选择模式。牧户的生计资本由牧户所在地的环境属性、基础设施和牧户拥有的固定资产决定。环境属性越高，牧户可利用的资源越多，牧户收益越大，环境退化越严重，牧户利用资源的限制越大，三江源生态退化严重且敏感，限制了牧户利用自然资源的权利（区域生态保护战略）；牧户所在区域的基础设施越好，牧户利用资源且实现非放牧型生计和多样化生计的可能性大；牧户拥有的固定资产越大，牧户的生计选择余地越大。

不同的生计策略产生三江源牧户限制放牧、生态移民和产业移民行为等不同的环境行为。年龄较大的、生计水平较低的、较偏远的牧户被动地选择了机会损失和风险较小的限制放牧或生态移民方式。可见，促进生计水平多样化，并支持牧户实现高水平的就业，以保障牧户的生活水平和福利不降低，是真正减轻草原生态环境的压力和实现可持续生态保护的切实有效的保障。

年轻的、生计水平较高的、离城市距离较近的牧户更愿意选择产业移民的生态保护方式，他们参与生态保护的关键在于参与生态保护后的补偿方式的合理性以及是否能高效就业。因此，在牧区加强文化技能培训，依托草原畜牧业发展畜牧业深加工或者生态旅游等绿色经济促进当地的经济发展并创造更多的就业机会，吸引青年牧户逐渐放弃放牧生活的依赖，才能提高牧户的福利水平并减轻草原生态环境的压力，同时激发牧户参与生态保护的积极性和主动性。

三江源牧户是基于有限理性选择牧户的福利损失相对较小的生态保护行为，是牧户生计策略选择的结果。着眼于增加牧户选择的机会和促进牧户可替代生计的多样化，以期降低牧户选择生态保护行为响应后的各种风险并提高牧户面对风险的能力，并有效地补偿牧户选择生态保护后所遭受的福利损失，是促进牧户积极主动地参与生态保护行为及区域实现生态经济可持续的关键。

7.1.4 牧户参与生态保护的意愿主要受其福祉和生计制约

牧户对环境保护的响应是生态保护战略有效实施的关键，主体参与意愿直接影响生态保护项目实施的成效和可持续性，是区域生态经济可持续发展的前提。生态修复项目、环境保护项目一般都可以在一定时间内实现植被覆盖度提高、生物多样性增加和生态系统平衡逐渐恢复的生态功能，但与此同时也会损害当地居民的生计和福利、抑制当地经济发展等。一般个体只有在某一行为选择后他们的生活水平以及满意度应该保持不变或至少不比以前差的情况下，才会选择该行为或倾向于该决策，前后的福利状态才是帕累托最优的。尤其是对当地贫困人群而言，因生计比较单一、就业机会少，生态环境的退化往往导致他们的生活和收入受影响，而在未充分补偿和考虑牧户生计改善的生态保护项目，则使他们在环境保护项目中可能会遭受着双重贫困的威胁。因此，当地人群的环境态度及其行为决策必然受他们的生计状况和生计选择机会的影响，至少应该保障他们选择某一环境行为后的生计至少比原来和现状好的情况下，或者生活基础设施（教育、文化、医疗和经济发展水平）使他们的生活改善或更有利于实现就业以保证生活水平不下降的情况下，或者选择某一环境行为后的生活损失及其发展损失被完全能弥补的情况下，牧户才有可能选择该环境行为。

三江源约 87% 的牧户认为生态保护对牧户有好处，但受各种内外部因素的影响，只有近 70% 的牧户是在政府主导下基于有限理性而被动地参与生态保护行为响应。三江源牧户生态保护行为响应意愿是牧户在外界环境的影响和内部自身特征的共同驱动下的行为决策结果。牧户是否愿意参与生态保护主要受政府对区域的保护力度、牧户与外界接触程度、生计水平及牧户对生态保护的外部性认知等因素的影响，受当地政府的保护力度及牧户对生态保护的外部性的认知水平、生计水平、与外界接触程度、工作机会的正影响，并受牧户的年龄、离城镇距离和区域气候恶劣情况等因素的负影响，系数依次为 2.22、3.98、1.93、2.26、1.48、−1.63、−2.43、−0.92。三江源牧户的生计水平、退化感知和外部性认知是影响三江源牧户参与生态保护意愿的关键因素，牧户参与生态保护意愿的概率不仅仅是牧户出于自身利益和未知风险考虑下被动的响应，更是当地政府的环境知识宣传和保护投入影响下个体的抉择结果。

只有在充分考虑牧户福利问题和切身利益前提下制定的环境政策及战略，才能得到牧户的响应、支持并选择参与。如果参与生态保护对牧户的生活水平提高或生计改善不利、参与环境保护的补偿机制不完善或补偿尚不能弥补牧户在环境保护中的损失时，牧户将缺少环境保护的动力和诱因，此时部分牧户的保护意愿往往是出于对环境保护政策的被动服从。三江源牧户汉语水平有限，基本上没有接受正规的教育和高级的、较复杂的技能，限制了他们与其他民族正常的交往和交流的可能，更降低了他们失去或被限制自然资源利用以后通过打工等方式来改善生活和避免贫困化的概率及可能性，也就决定了在环境保护项目中这部分牧户所受的福利损失更大，其贫困化的风险和程度均被加剧，即三江源牧户在环境保护项目中，更需要补偿和帮助以避免贫困化，他们的生活和生计更应该被重视以保障他们在环境保护项目实施过程中和后期有新的或更有效的生计方式来改善生活，并持续地参与环境保护项目。

三江源牧户保护意愿是从众和观望心理下，出于对自身的生计能力和生活风险的考虑，在政府主导模式下基于有限理性做出的被动的环境退化应激行为反应结果，而非主动参与保护的决策结果。三江源生态保护项目应该吸取教训，亟须从单纯地追求生态保护的效果目标转变为如何考虑并改善当地的居民生活和丰富多样化牧户的生计以保障生活水平的不下降，今后政策制定的关键应该着眼于如何通过拓展生计方式而减少牧户的响应风险，引导牧户从被动地响应转变为主动积极地响应和参与生态保护，这也将是实现有效地生态保护和可持续发展的重要保障。创造更多的就业机会和解决牧户的单一化生计问题，构建完善的生态补偿机制让牧户分享生态保护的外部性效益，并激励牧户主动参与生态保护行为响应，才能最终实现区域生态保护、牧户幸福和生态经济可持续发展的多赢局面。

7.1.5　三江源牧户参与生态保护中的生计

随着三江源生态环境的退化和生态保护战略实施，区域牧户的生计受到了严重影响。量化评价生计并分析牧户生计发展的制约性因素，是提高牧户收入水平并促进区域可持续发展的关键问题。

三江源牧户的整体生计水平不高，生计方式比较单一化，生计是不可持续的，表现为资源利用、资产配置和生计能力转换的有限性以及生计脆弱性大等典型特征。三江源牧户对自然资源的依赖比较严重，使其生计比较单一化，三江源生态退化和保护政策使牧户的生计更加单一化，政府补贴远远不能弥补他们的损失，对牧户尤其是贫困牧户的生计产生明显的负面影响。牧户由于能力、政策、环境及其牧户自身的人力资本和金融资本的制约，不能恢复其生计、不能转换生计方式和成功实现替代生计和生计多样化的发展，不仅其生活水平受到了明显的影响，同时其生计是不可持续的。

如何推动牧户传统生计的变迁，通过促进牧户的生计多样化水平，推动人地系统的良性循环，使中青年牧户的生计能力的培育和提高，不仅是促进个体发展的突破点，更是区域可持续发展的核心和区域自然资源实现可持续管理的重要切入点，将是未来生态脆弱区生态和保护恢复的重点科学问题之一。牧户的文化和技能指标影响其人力资本、金融资本受其制约，以及牧户生计资本融合能力差的影响，牧户移民后从事非放牧型生计的比率极低，生态保护战略使牧户的生计遭受了重创；对难以找到新的替代生计、难以成功实现生计转换、能力难以提高的贫困牧户而言，一旦政府补贴结束，他们将可能设法返回原来的生计方式，阶段性的生态保护成效将会再次丧失，生态环境将再次遭受破坏并导致退化。因此，促进区域经济发展和改善金融、投资经营环境以及进行产业调整以创造就业机会，加强基础文化教育和职业教育，增强牧户生计适应能力，帮助牧户实现生计方式转换和能力提高，是实现牧户个体发展和区域生态保护可持续发展的核心。

7.1.6 牧户生计多样化是实现生态保护中其福祉和幸福感的保障

三江源生态退化严重，牧户的生计发展和能力提高是三江源可持续发展的关键。贫困不仅仅是指收入的下降及不足以支持人们满足日常生活的需求，更是指发展能力的缺失或剥夺，即缺少或不具备基本的可行能力去选择和完成基本的生计活动，以过上有良好质量的生活。可持续生计是以人的能力为中心的缓解贫困并实现生态保护的关键途径。三江源牧户在参与生态保护计划被移民或定居后，利用自然资源而维持生活的机会被剥夺或被限制，必须增强或改变谋生手段以适应新的生活环境和生产方式，才有可能使生活质量得以维持或避免陷入贫困。

三江源牧户参与生态保护移民后的生计脆弱性变大，生计风险较大，制约了生计多样化的实现和发展。三江源牧户在脆弱性环境下增加收入的能力有限，牧户生计水平单一，往往趋向于简单的放牧、挖虫草和政府补助，即对自然资源的依赖性极强，容易受到环境退化、政策等的影响而导致牧户的生计和福利受损，使牧户陷入贫困化的威胁，这将迫使牧户在合适的机会和找寻各种可能性，去实现他们能从事的、更加过度和粗放利用自然资源的生计方式以满足生活需求,这将会使生态环境遭受更严重的退化和破坏的风险。三江源牧户生计方式的单一性和三江源生态保护计划、市场经济发展、通货膨胀等加剧了牧户生计的脆弱性。降低牧户生计的脆弱性可以降低和防止牧户陷入贫困化的困境。因此，设法提高牧户的生计多样性，不仅可以促进牧户生计的可持续性，也可以通过降低风险和脆弱性减轻牧户贫困的可能性，并可以通过生计的改变制约牧户的自然资源利用行为和强度，以驱动生态系统的恢复和保护的正向演替。

三江源牧户的生计多样化水平不高是由牧户的能力受限制所决定的，并且能力和生计受限制导致牧户的幸福感较低。三江源牧户的能力发展受限，影响了牧户的生计转型和生计多样化水平的提高，使牧户的收入水平下降，进而降低了牧户的幸福感，增加了贫困化的风险，不利于区域生态保护长效的维持和可持续发展。因此，提高和培育牧户的能力，拓展牧户的生计能力，是引导牧户实现良好生计后果和区域可持续发展的核心，更是区域自然资源实现可持续管理的重要切入点。

牧户的生计策略是指在脆弱性环境下，运用牧户的能力，对各种有限的资源和能利用的前提下进行资产的配置和经营活动的组合，以实现生计目标。牧户的生计策略不仅会对牧户的收入和福祉产生重要的影响，也会影响并产生一定的环境后果。牧户的过度放牧等策略会导致生态环境的进一步退化；而牧户的减少放牧并以采集经济作物为主的生计策略虽然暂时对三江源的生态退化趋势有缓解效用，但如果不能有效的引导和管理，将进一步造成生态环境的更严重退化；而牧户的转产经营、外出打工、饲养方式、生态旅游产品提供等生计方式则在目前看来是牧户增强其生计能力，并改变福祉现状、实现牧户幸福生活的有效途径，也对环境的负影响较小。可见，牧户的能力、生计资本决定了牧户的生计策略，并影响着牧户的福祉能否改善和环境保护的可持续发展的实现。

7.2 政策建议

7.2.1 将改善牧户生计作为自然资源保护的切入点

随着三江源生态环境的严重退化，2005 年起政府在三江源实施了一系列的生态保护工程，而生态保护工程的实施不能缺失牧户的自觉和主动性保护行为，更是牧户对三江源生态退化的影响认知下的积极响应结果。牧户的参与和支持在很大程度上影响了生态保护的效果，而只有在充分考虑牧户福祉问题和切身利益前提下制定的环境政策及战略，才会得到牧户的响应和支持。因此，从根本上解决三江源牧户生计问题，才有可能在提高牧户福利水平和降低生活困境的风险前提下，实现牧户的环境意识和环境保护行为。

三江源牧户选择生态保护的行为决策，既不是完全的按照经济学的利益最大化原则，也不是基于风险厌恶的拒绝保护行为，而是在生态退化刺激下和受宗教知识的影响下，牧户基于有限理性而形成的特殊的被动行为决策机制。生计能力是三江源牧户应对生态保护行为选择中风险的决定性因素。因此，如何降低牧户选择生态保护行为响应后的各种风险并提高牧户面对风险的能力，提高生计水平以增强风险应对能力是促进牧户参与生态保护行为及其可持续的切入点和关键。

政府必须迫切地从根本上解决三江源牧户严重依赖草地生态环境而生存的单一化、低水平的生计问题，通过发展绿色经济，如借助三江源独特而奇美的自然风光及神秘的宗教文化发展生态旅游和文化旅游、通过技术培育药用植物、有计划地借助现代营销手段来调控生产并进行产业深加工等延伸产业链方式，让牧户通过培训和观摩能积极投身进来以增加牧户的就业机会和提高生计水平，牧户才有可能在提高或不降低牧户福利水平、减小生活困境的风险前提下，主动积极地参与到环境保护行为中来。

为此，政府应该长远地、可持续地考虑牧户参与生态保护后的福利状态，注重提高牧户的非放牧型生计能力和生计水平，以促进牧户自身发展能力的提高和激励牧户主动参与生态保护，使牧户的福利水平与区域生态保护密切关联起来，只有这样才有可能使牧区的经济得到发展，并保证生态保护的持续和有效地进行，最终实现区域生态经济可持续发展的局面。

7.2.2   重视传统生态文明在区域生态保护中的重要意义

三江源牧户的生态保护行为并非完全符合理性经济人的假设，按照效益最大化原则，牧户如果参与生态保护行为，必定造成一定的损失，从而将不会产生保护行为响应；但实际情况是，三江源89%以上的牧户在明知参与保护行为会带来一定的损失，牧户仍然愿意并且做出了利他性的保护行为响应，可见牧户的保护行为响应似乎并非出于效益最大化原则。

三江源牧户的生态保护行为也并非出于风险厌恶或风险偏好。三江源已经大范围实施生态移民、限制放牧等生态保护工程，而生态补偿不是完全有效的，牧户对参与保护的损失是有一定的认知的，故推测三江源牧户应该在这种情形下经过慎重思考追求损失的减小最低，即不参与生态保护。但事实是大部分牧户，尤其是中老年牧户仍然做出了生态保护的决策和参与行为。三江源中老年牧户世代生活在草原，对自然生态环境有比较深厚的情感和依赖，受自身文化水平和技能的制约以及自古放牧的生活习惯和宗教信仰（不杀生的环保思想）的影响，对生态退化以及选择保护带来的福利减损风险不能准确预知，在大范围实施生态保护的政策下，牧户基于有限理性做出了相应的行为决策。

三江源牧户受传统的藏传佛教中"众生平等"、"轮回"说、"天人合一"和"神山圣水"等观念的影响，认为自然环境及其生物是其生活的一部分，保护环境及其保护生物多样性，让他们继续享有青山绿水、蓝天白云等自然生态空间，维持自然资源和生态环境的存在及其承载的文化、生活习俗及其遗产价值，本身是一种福祉和幸福感。三江源牧户因此普遍愿意保护生态环境并为此做出一定的牺牲或承担为此带来的其他福祉的损失，包括收入的下降、减少放牧的牲畜数量以实现生态环境的恢复和保护。

因此，通过充分重视环保知识在宗教信仰、日常环境教育宣传中的重要性，加大环境保护和生态安全知识的宣传，提高牧户生态退化感知和生态安全知识认知度，才有可能激励牧户主动地产生生态环境保护行为响应。同时，应该加强对生态系统服务文化价值的核算，将这部分生态保护的外部性效益让牧户分享，以激励牧户参与生态保护，也可实现公平和发展，改善牧户因参与生态保护带来的福祉，最终实现牧户生活幸福和自然资源可持续保护的良性循环。

7.2.3 实现生计补偿作为生态补偿的重要补充

牧户愿意参与生态保护的前提是牧户的福利损失能够得到有效的补偿，因此，建立牧户福利损失、考虑牧户的受偿意愿为基础的生态补偿机制是牧户愿意继续参与生态移民或限制放牧，是促进三江源草地生态恢复的保障。

正如李惠梅（2017）研究结果表明，三江源限牧（减畜）定居型牧户在参与生态保护中的福祉有一定的增加，究其原因是三江源牧户的生计水平单一，实现非放牧型生计的能力较弱，而想参与该类型生态保护行为响应既可以获得一定的补偿，也可以使他们的生计得到一定的保障，故相比于参与生态移民的牧户而言福祉受损更小，参与生态保护的意愿更高。三江源实施的生态保护补偿，更多的是限于对牧户的草地资源使用权益的变化而产生的经济损失，而对其他的诸如选择自由、牧户发展权的损失、生计的补偿、草地资源承载的各种文化功能、宗教功能等均未补偿，也就导致补偿仍然停留在不完全补偿的基础上，这会导致牧户的福祉下降，进而影响到生态保护恢复工程的效果。

因此，我们必须实施生态保护补偿，尤其是应该对参与生态保护的牧户进行完全补偿，至少应该对最关键的、能影响牧户福祉的重要决定因素的生计进行补偿。生态保护工程是为了实现生态的恢复和保护，但是不能因此使参与生态保护的牧户陷入贫困化的风险和威胁，更不能因此限制甚至禁止当地牧户的生计却不做出任何补偿，这不公平，也不是福利均衡和最优的。

政府一方面应该提高牧户的生计能力和选择机会，另一方面应该对牧户的生计进行生态补偿，通过设立管护员、生态公益岗位等参与生态保护的生计和产业就业岗位、生态旅游等让牧户力所能及的就业，让牧户有尊严地、幸福地、主动地参与生态保护项目，促进该地区和谐、稳定的可持续发展与保护。

可持续发展不应该仅仅是生态环境的保护，更不应该是生态环境得以恢复的同时当地居民的生活陷入贫困化或者贫困的风险。我们在强调三江源生态环境安全和保护的战略意义时，必须也应该高度重视当地人群，尤其是长期、单一地依赖草地放牧而生存的牧户的环境态度及其发展问题，在通过各种产业调整、创造就业岗位和就业技能培训、加强牧区的文化、教育医疗和其他社会保障等基础建设，使牧户的就业能力、生计能力和创收能力得到提高和保障时，牧户才有可能在福利水平不下降的前提下响应环境恢复及保护项目，并在环境保护项目参与过程中使牧户个体的能力得以发展，防止和降低贫困的风险，实现个体福利和社会福利的均衡。

7.2.4 构建能力—生计—牧户响应的主动式生态保护可持续模式

生态系统服务的变化会对人类福祉产生影响，主要是影响当地人群的自由选择能力或发展的权利，即人们被迫改变他们的生活方式或者自然资源利用方式，因此使他们的福祉受到影响。而依赖于生态系统服务的贫困人群或弱势群体的福祉将受到更严重的威胁。因此学者更应该关注于生态系统服务保护或者生态退化对贫困人群的福祉影响，建构起生态系统服务和人类福祉的概念框架，探讨生态保护对人类福祉的意义，分析贫困人群和当地居民在生态保护中的可行能力如何受影响生计，探究在资源利用和贫困减少的过程中权衡，如何实现有效的生态保护的目标中不损害当地人群的福祉和能力。

　　三江源牧户在生态保护行为中福利受到了很大的影响，其中重要的原因是牧户的生计能力未得到提升。同时牧户的生计能力和生计状况是牧户愿意响应生态保护行为的决定性因素，因此，分析三江源牧户的生计能力及其各种脆弱性程度和制约性因素，进一步分析牧户的生计对研究牧户的保护行为的驱动力和影响状况、牧户的生计能力对牧户福利的影响程度，建立三江源牧户以生计为核心的行为响应—生计—福利框架研究，用牧户的生计状况来引导牧户进行环境保护行为，并最终产生积极的生计后果，即牧户的福利改善和生态环境得到保护。提供和保护生态系统服务对贫困者的福祉影响进行重点研究，把生态系统服务纳入资源利用、生态系统管理、区域可持续发展以及减少贫困等议题，才有可能实现生态保护–人类福祉提高–可持续发展的多赢局面。

参 考 文 献

Reference

卜范达，韩喜平. 2003. 农户经营内涵的探析[J]. 当代经济研究，(9): 37-41.

蔡银莺,张安录. 2006. 居民参与农地保护的认知程度及支付意愿研究[J]. 广东土地科学,5(5): 30-38.

蔡运龙. 1996. 全球气候变化下中国农业的脆弱性与适应对策[J]. 地理学报，51(3): 202-212.

曹立国，刘普幸，张克新，等. 2010. 锡林郭勒盟草地对气候变化的响应及其空间差异分析[J]. 干旱区研究，28(5): 699-794.

曹世雄，陈军，陈莉，等. 2008. 关于我国国民环境的态度调查[J]. 生态学报，(2): 735-741.

曹世雄，陈莉，余新晓. 2009. 陕北农民对退耕还林的意愿评价[J]. 应用生态学报，20(2): 426-434.

陈传波. 2005. 农户风险与脆弱性：一个分析框架及贫困地区的经验[J]. 农业经济问题，8: 47-50.

陈姗姗，陈海，梁小英，等. 2012. 农户有限理性土地利用行为决策影响因素——以陕西省米脂县高西沟村为例[J]. 自然资源学报，27(8): 1286-1295.

董志强. 2011. 我们为何偏好公平：一个演化视角的解释[J]. 经济研究，(8): 65-77.

冯艳芬，董玉祥，王芳. 2010. 大城市郊区农户弃耕行为及影响因素分析——以广州番禺区农户调查为例[J]. 自然资源学报，(5): 722-734.

高燕，邓毅，张浩，等. 2017. 境外国家公园社区管理冲突:表现、溯源及启示[J]. 旅游学刊，32(1):111-122.

郭连云，吴让，汪青春，等. 2008. 气候变化对三江源兴海县草地气候生产潜力的影响[J]. 中国草地学报，30(2): 5-10.

韩明谟. 2001. 农村社会学[M]. 北京: 北京大学出版社.

黄宗智. 1986. 华北的小农经济与社会变迁[M]. 北京: 中华书局.

黄宗智. 1992. 长江三角洲小农家庭与乡村发展[M]. 北京: 中华书局.

靳乐山, 郭建卿. 2011. 农村居民对环境保护的认知程度及支付意愿研究——以纳板河自然保护区居民为例[J]. 资源科学, 33(1): 50-55.

黎洁, 李树茁, Daily GC. 2017. 农户生计与环境可持续发展研究[M]. 北京: 社科文献出版社.

李惠梅. 2010. 三江源地区天然牧草气候生产力评估[J]. 安徽农业科学, 38(12): 6414-6460.

李惠梅. 2017. 三江源草地生态保护中牧户的福利变化及补偿研究[M]. 北京: 社科文献出版社.

李惠梅, 张安录. 2013a. 基于福祉视角的生态补偿研究[J]. 生态学报, 33(4): 1065-1070.

李惠梅, 张安录. 2013b. 生态环境保护与福祉[J]. 生态学报, 33(3): 0825-0833.

李惠梅, 张安录. 2014. 三江源草地气候生产力对气候变化的响应[J]. 华中农业大学学报, (1): 124-130.

李惠梅, 张安录. 2015. 基于结构方程模型的三江源牧户草地生态环境退化认知研究[J]. 草地学报, 24(4): 679-688.

李惠梅, 张安录, 高泽兵, 等. 2012. 青海湖地区生态系统服务价值变化分析[J]. 地理科学进展, 31(12): 1747-1754.

李惠梅, 张安录, 王珊, 等. 2013a. 三江源牧户参与草地生态保护的意愿[J]. 生态学报, 33(18): 5943-5951.

李惠梅, 张安录, 杨欣, 等. 2013b. 牧户响应三江源草地生态退化管理的行为选择机制研究——基于多分类的 logistic 模型[J]. 资源科学, 35(7): 1501-1510.

李惠梅, 张雄, 张俊峰, 等. 2014. 自然资源保护对参与者多维福祉的影响——以黄河源头玛多牧民为例[J]. 生态学报, 34 (22) : 6767-6777.

李西良, 侯向阳, 丁勇, 等. 2014. 天山北坡家庭牧场尺度气候变化感知与响应策略[J]. 干旱区研究, 31(2): 285-293.

李小云, 董强, 饶小龙. 2007. 农户脆弱性分析方法及其本土应用[J]. 中国农村经济, (4):32-39.

李英年, 王启基, 赵新全, 等. 2000. 气候变暖对高寒草甸气候生产潜力的影响[J]. 草地学报, 8(1): 23-29.

李镇清, 刘振国, 陈佐忠, 等. 2003. 中国典型草原区气候变化及其对生产力的影响[J]. 草业学报, 12(1): 4-10.

刘洪彬, 王秋兵, 边振兴, 等. 2012. 农户土地利用行为特征及影响因素研究——基于沈阳市苏家屯区农户的调查研究[J]. 中国人口·资源与环境, 22(10): 111-117.

刘峥延, 毛显强, 江河. 2019. "十四五"时期生态环境保护重点方向和任务研究[J]. 中国环境管理, 11(3): 40-45.

芦清水, 赵志平. 2009. 应对草地退化的生态移民政策及牧户响应分析——基于黄河源区玛多县的牧户调查[J]. 地理研究, 28(1) : 143-153.

马骅, 吕永龙, 邢颖. 2006. 农户对禁牧政策的行为响应及其影响因素研究——以新疆策勒县为例[J]. 干旱区地理，29 (6): 902-908.

穆向丽,孙国兴,张安录. 2009. 农户农用地征用意愿的影响因素实证分析——基于湖北省 302 个农户的调查[J]. 中国农村经济，(8): 43-52.

秦大河. 2002. 中国西部环境演变评估综合报告[M]. 北京：科学出版社：56-66.

邱皓政，林碧芳. 2009. 结构方程模型的原理与应用[M]. 北京：中国轻工业出版社.

邵景安，邵全琴，芦清水，等. 2012. 农牧民参与政府主导生态建设工程的初始行为响应——以江西山江湖和青海三江源为例[J]. 自然资源学报，27(7): 1075-1088.

邵全琴，赵志平，刘纪远，等. 2010. 近30年来三江源地区土地覆被与宏观生态变化特征[J]. 地理研究，29(8): 1439-1451.

宋言奇. 2010. 发达地区农民环境意识调查分析——以苏州市 714 个样本为例[J]. 中国农村经济，(1): 53-73.

孙建光，李保国. 2005. 青海共和盆地草地生产力模拟及其影响因素分析[J]. 资源科学，27 (4): 44-48.

王成超，杨玉盛. 2011. 基于农户生计演化的山地生态恢复研究综述[J]. 自然资源学报，26(2): 344-352.

王艳萍，潘建伟. 2010. 阿马蒂亚森的发展经济学评述[J]. 当代经济研究，(6): 21-27.

温忠麟，侯杰泰，马什赫伯特. 2004. 结构方程模型检验：拟合指数与卡方准则[J]. 心理学报，(2): 186-194.

吴明隆，2009. 结构方程模型：AMOS 的操作与应用[M]. 重庆：重庆出版社.

翁贞林. 2008. 农户理论与应用研究进展与述评[J]. 农业经济问题，(8): 93-100.

熊鹰，王克林，蓝万练，等. 2004. 洞庭湖区湿地恢复的生态补偿效应评估[J]. 地理学报，59(5): 772-780.

徐兴奎，陈红. 2008. 气候变暖背景下青藏高原植被覆盖特征的时空变化及其成因分析[J]. 科学通报，53 (4): 456-462.

阎建忠，张镱锂，朱会义，等. 2006. 大渡河上游不同地带居民对环境退化的响应[J]. 地理学报，(2): 146-156.

阎建忠，吴莹莹，张镱锂，等. 2009. 青藏高原东部样带农牧民生计的多样化[J]. 地理学报，64(2): 221-233.

杨光梅，闵庆文，李文华，等. 2007. 我国生态补偿研究中的科学问题. 生态学报，27(10): 4289-4300.

杨海镇，李惠梅，张安录. 2016. 牧户对三江源草地生态退化的感知[J]. 干旱区研究，33(4): 822-829.

杨莉，甄霖，李芬，等. 2010. 黄土高原生态系统服务变化对人类福祉的影响初探[J]. 资源科学，32(5): 849-855.

杨云彦，赵峰. 2009. 可持续生计分析框架下农户生计资本的调查与分析[J]. 农业经济问题，

3: 58-65

姚玉璧，张秀云，朱国庆，等. 2004. 青藏高原东北部天然草场植物气候生产力评估[J]. 中国农业气象，(1): 34-36.

于全辉. 2006. 基于有限理性假设的行为经济学分析[J]. 经济问题探索，(7): 20-23.

张丽萍，张镱锂，阎建忠，等. 2008. 青藏高原东部山地农牧区生计与耕地利用模式[J]. 地理学报，63(4): 377-385.

张琴琴，摆万奇，张镱锂，等. 2011. 黄河源地区牧民对草地退化的感知——以达日县为例[J]. 资源科学，33(5): 942-949.

张新生，陶翀. 2007. 试析"经济人假设"的边界问题[J]. 江西社会科学，(9): 162.

赵军，杨凯，刘兰岚，等. 2007. 环境与生态系统服务价值的 WTA/WTP 不对称[J]. 环境科学学报，27(5): 854-860.

赵雪雁. 2009. 牧民对高寒牧区生态环境的感知[J]. 生态学报，29(5): 2427-2436.

赵雪雁. 2011. 生计资本对农牧民生活满意度的影响——以甘南高原为例[J]. 地理研究，30(4): 687-698.

甄霖，谢高地，杨丽，等. 2007. 基于参与式社区评估法的泾河流域景观管理问题分析[J]. 中国人口·资源与环境，17(3): 129-331.

郑风田. 2000. 制度变迁与中国农民经济行为[M]. 北京：中国农业出版社.

朱春奎. 2016. 公共政策学[M]. 北京：清华大学出版社.

Agrawal A, Chhatre A, Hardin R. 2008. Changing governance of the worlds forests[J]. Science, 320: 1460-1462.

Alkire S. 2005. Why the capability approach[J]. Journal of Human Development, 6 (1): 115-134.

Allison E H, Horemans B. 2006. Putting the principles of the sustainable livelihoods approach into fisheries development policy and practice[J]. Marine Policy, 30: 757-766.

Andam K S, Ferraro P J, Pfaff A, et al. 2008. Measuring the effectiveness of protected area networks in reducing deforestation [J]. Proceedings of the National Academy of Sciences of the United States of America, (105): 16089-16094.

Baker N J. 2008. Sustainable wetland resource utilization of Sango Bay through eco-tourism development[J]. African Journal of Environmental Science and Technology, 2(10): 326-335.

Bebbington. 1999. Capital and capabilities: A framework for analyzing peasant viability, rural livelihoods and poverty [J]. World Development, 22: 2021-2044.

Birch-Thomsen T, Frederiksen P, Sano H O. 2001. A livelihood perspective on natural resource management and environ-mental change in Semiarid Tanzania [J]. Economic Geography, 77(1): 41-66.

Boarini R, Johansson A, Mira d'Ercole M. 2006. Alternative measures of well-being[J]. OECD Economics Department, Working Papers, 476(30): 53.

Böner J, Mendoza A, Vosti S A. 2007. Ecosystem services, agriculture, and rural poverrty in the Eastern Brazilian Amazon: Interrelationships and policy prescriptions[J]. Ecological Economics, 64: 356-373.

Brogaard S, Zhao X. 2002. Rural reforms and changes in land management and attitudes: a case study from inner Mongolia, China[J]. AMBIO, 31: 219-225.

Cao S X. 2011. Impact of China's large-scale ecological restoration program on the environment and society: achievements, problems, synthesis, and applications[J]. Critical Reviews in Environmental Science and Technology, 41: 317-335.

Cao S X. 2012. Impact of China's large-scale ecological restoration program on the environment and society[J]. China Population Resources and Environment, 22(12): 49-56.

Cao S X, Chen L, Liu Z. 2007. Disharmony between society and environmental carrying capacity: A historical review, With an emphasis on China[J]. Ambio, 36: 409-415.

Cao S X, Cheng J, Cheng L, et al. 2008. Investigation of Chinese environmental attitudes[J]. Acta Ecologica Sinica, 28(2): 0735-0741.

Cao S X, Xu C G, Chen L, et al. 2009. Attitudes of farmers in China's northern Shaanxi Province towards the land-use changes required under the Grain for Green Project, and implications for the program's success[J]. Land Use Policy, 26: 1182-1194.

Cao S X, Wang X Q, Song Y, et al. 2010. Impact of the natural forest conservation program on the livelihood of local residents in Northwestern China[J]. Ecological Economics, 69: 1454-1462.

Carney D. 1998. Implementinga Sustainable Livelihood Approach[M]. London: Department for International Development: 52269.

Cerioli A, Zani S. 1990. A Fuzzy Approach to the Measurement of Poverty[M]//Dagum C, Zenga M. In-come and Wealth Distribution, Inequality and Poverty, Studies in Contemporary Economics. Berlin: Springer Verlag: 272-284 .

Chambers R, Conway G. 1992. Sustainable rural livelihoods: Practical concepts for the 21st century[R]. IDSD is cussion Paper 296. Brighton: Institute of Development Studies.

Chambers R, Conway G. 1998. Sustainable rural livelihoods: Practical concepts for the 21st century[R]. Sussex, Institute of Development Studies, 1992. Scoones I. Sustainable rural livelihoods: a framework for analysis. IDS Working Paper 72IDS, Sussex.

Chanda R. 1996. Human perceptions of environmental degradation in a part of the Kalahari ecosystem [J]. Geo Journal, 39(1): 65-71.

Chayanov A V. 1986. The Theory of Peasant Economy[M]. Madison: University of Wisconsin Press.

Cheli B, Lemmi A. 1995. A "Totally" fuzzy and relative approach to the multidimensional analysis of poverty[J]. Economic Notes, 24(1): 115-134.

Cleaver K M, Schreiber G A. 1994. Reversing the Spiral: The Population, Agriculture and Environment Nexus in Sub-Saharan Africa[M]. Washington, DC: World Bank.

Costanza R, Fisher B, Ali S, et al. 2007. Quality of life: An approach integrating opportunities, human needs, and subjective well-being[J]. Ecological Enocomics, 61(2-3): 267-276.

Dercon S. 2001. Assessing Vulnerability[M]. Oxford: Oxford University.

DFID. 1999. Sustainable livelihoods guidance sheets: Department for International Development Available[EB]. http: //www. ennonline. net/resources/667 date 17th April 2012 [2018-11-01].

DFID. 2000. Sustainable Livelihoods Guidance Sheets[M]. London: Department for International Development.

Edwards W. 1954. Behavioral decision theory[J]. Annual Review of Psychology, 12: 473-498.

Ellis F. 1998. Household strategies in rural livelihood diversifi-cation[J]. The Journal of Development Studies, 35(1): 1-38.

Ferrer-i-Carbonell A, Gowdy J M. 2007. Environmental degradation and happiness[J]. Ecological Economics, (60): 509-516.

Fisher B, Polasky S, Sterner T. 2011. Conservation and human welfare: economic analysis of ecosystem services[J]. Environmental and Resource Economics, 48(2): 151-159.

Grasso M. 2002. A dynamic operationalization of Sen's capability approach[J]. Quaderno CRASL, 3: 3-50.

IPCC. 1992. Working group I: Scientific assessment of climate change[R]. Cambridge: IPCC Supplement: 58-125.

Jansen H G, Pender J, Damon A, et al. 2006. Policies for sus-tainable development in the hillside areas of Honduras: a quantitative livelihood approach[J]. Agricultural Economics, 34 (2): 141-153.

Junquera B, Brío J A, Muniz M. 2001. Citizens'attitude to reuse of municipal solidwaste: a practical application[J]. Resources Conservation and Recycling, 3: 51- 60.

Kerr J. 2002. Watershed development, environmental services, and poverty alleviation in India[J]. World Development, 30: 1387-1400.

Koczberski G, Curry G N. 2005. Making a Living: Land Pressures and Changing Livelihood Strategies among Oil Palm Settlers in Papua New Guinea[J]. Agricultural Systems, 85: 324-339.

Lamb D, Erskine P D, Parrotta J A. 2005. Restoration of degraded tropical forest landscapes[J]. Science, 310: 1628-1632.

Millennium Ecosystem Assessment. 2003. Ecosystems and Human Well-Being: A Framework for Assessment[M]. Washington, DC: Island Press.

Moser E I, Krobert K A, Moser M B, et al. 1998. Impaired spatial learning after saturation of long-term potentiation[J]. Science, 281: 2038-2042.

Nam K , Selin N E , Reilly J M , et al. 2010. Measuring welfare loss caused by air pollution in Europe: A CGE analysis[J]. Energy Policy, 38(9): 5059-5071.

Nussbaum M C. 2000. Women and Human Development: The Capabilities Approach[M]. Cambridge: Cambridge University Press.

Pires M. 2004. Watershed protection for a world city: The case of New York[J]. Land Use Policy, 21(1): 161-175.

Polanyi K, Conrad M, ArePolanyi K, et al. 1958. Trade and market in the Early Empires: Economies in history and theory[J]. Journal of Political Economy, 63(2).

Popkin S. 1979. Therational Peasant: The Political Economy of Rural Society in Vietnam[M]. Berkeley: University of California Press: 31.

Rachel B. 2002. Housing and family well-being[J]. Housing Studies, 14 (1): 13-26.

Rigg J. 2006. Land, farming, livelihoods, and poverty: Rethinking the links in the rural south [J]. World Development, 34(1): 180-202.

Robeyns I. 2003. Sen's Capability Approach and Gender Inequality: Selecting Relevant Capabilities[J]. Feminist Economics, 9(2-3): 61-92.

Robeyns I. 2006. The capability approach in practice[J]. The Journal of Political Phi-losophy, 14 (3): 351-376.

Rudel T K, Bates D, Machinguiasli R. 2002. A tropical forest transition? Agricultural change, out-migration, and secondary forests in the Ecuadorian Amazon [J]. Annals of the Association of American Geographers, 92(1): 87-102.

Sara L. 2001. Factor Analysis vs. Fuzzy sets Theory: Assessing the lnfiuence of Different Techniques on Sen's Functioning Approach[R]. CES Diseussion Paper Series, 21, Katholieke Universiteit Leuven.

Sauer U, Fischer A. 2010. Willingness to pay, attitudes and fundamental values—On the cognitive context of public preferences for diversity in agricultural landscapes[J]. Ecological Economics, (70): 1-9.

Scoones. 1998. Sustainable Livelihood: A Framework for Analysis [R]. Brighton: IDS:72.

Scott J C. 1976. The Moral Economy of the Peasant: Rebellion and Subsistence in Southeast Asia[M]. Yale: Yale University Press.

Sen A. 1982a. Personal Utilities and Public Judgements: or What's Wrong with Welfare Economics? Choice , Welfare and Measurement[M]. Oxford: Basil Blackwell: 338.

Sen A. 1982b. Rights and Agency[J]. Philosophy and Public Affairs, 11(1): 15.

Sen A. 1985. Commodities and Capabilities. Oxford University Press, Oxford.

Sen A. 1993. Capability and well-being[M]//Nussbaum M, Sen A. The Quality of Life. World

Institute of Development Economics/Clarendon Press, Oxford.

Sen A. 1999. Development As Freedom[M]. Oxford: Oxford University Press.

Simon H A. 1956. Rational choice and the structure of the environment [J]. Psychological Review, 63: 120-138.

Sunderlin W D, Angelsen A , Belcher B , et al. 2005. Livelihoods, forests, and conservation in developing countries : an overview [J]. World Development, 33(9): 1383-1402.

Tversky A, Kahneman D. 1992. Advances inprospect theory: Cumulative representation under certainty[J]. Journal of Riskand Uncertainty, 5: 297-323.

Uchida E, Xu J, Rozelle S. 2005. Grainfor green: Cost-effectiveness and sustainability of China's conservation set aside program [J]. Land Economics, 81: 247-264.

Veenhoven R. 2000. The four qualities of life: ordering concepts and measures of the good life [J]. Journal of Happiness Studies, (1): 1-39.

Wilkes A. 1993. Using the Sustainable Livelihoods Framework to Understand Agro-pastoralist Livelihoods in NW Yunnan [J]. Center for Biodiversity and Indigenous Knowledge, Community Livelihoods Program Working Paper.

Wünscher T, Engel S, Wunder S. 2010. Determinants of Participation in Payments for Ecosystem Service Schemes [J]. Tropentag, (9): 14-16.

附录　三江源国家公园生态保护与生计和谐发展的新篇章——社区参与

　　2017 年 9 月,《建立国家公园体制总体方案》提出"构建以国家公园为代表的自然保护地体系",同年 10 月党的十九大报告提出"建立以国家公园为主体的自然保护地体系"。保护与可持续发展一直是国家公园的建设理念,国家公园不仅对生物多样性保护至关重要,而且对于许多依赖自然资源生存的当地居民也至关重要(高燕等,2017)。2018 年发布的《三江源国家公园总体规划》中提到,建立三江源国家公园"有利于处理好当地牧民群众全面发展与资源环境承载能力的关系,促进生产生活条件改善,全面建成小康社会,形成人与自然和谐发展新模式"。

　　在世界范围内的自然保护实践中,只有极少数(如黄石公园)建立了完全杜绝人为干扰的严格保护区,但也因严格的保护措施与当地谋求发展的诉求产生矛盾而饱受诟病。从三江源国家公园建设来看,其面临的重大挑战之一,依然是如何处理和协调生态保护与原住牧民的关系,而社区参与正是协调生态保护与周边区域发展之间关系的重要手段(高燕等,2017)。

一、社区参与是国家公园建设背景下的迫切需求

　　三江源国家公园地处三江源地区的核心,是"中华水塔"的塔尖,是我国乃至东南亚重要的生态安全屏障,承担着重要的生态使命。三江源地区生态环境脆弱,自然灾害频繁,发展受到各种制约。三江源国家公园中,牧民可替代

生计策略比较受限，较严重地依赖当地的自然资源，牧民的生计只能局限于畜牧业的生产以及草原上蘑菇、虫草等的简单采集，生计趋向单一化，导致牧民选择生态保护行为后对抗风险的能力下降。其中，长江源、黄河源园区牧户主要收入来源为畜牧业收入和国家补助；澜沧江园区农牧民除畜牧业收入和国家补助外，虫草为主要收入来源，占收入的60%~70%。

　　三江源国家公园实施禁牧和限牧政策，可能会导致社区发展受限制。三江源国家公园生态红线划定和自然保护区建设，限制了所有经济发展活动和民生保障工程，使得地区经济处于停滞状态。许多生态后续产业发展困难，自我发展能力不足，外部支持不够，导致一切都靠政府项目资金支持，缺乏长效性和生命力。虽然有草原奖补政策，但是只能部分弥补当地农牧民发展其他经济活动的机会成本损失；加上语言不通和受教育程度低，多数农牧民没有其他收入来源，不能完成转产行为，只能以传统生计为生。生态保护地区相关法律法规和部门规章的制定，不同程度地限制了当地农牧民对资源的利用，使其传统的生产生活方式受到限制或禁止，生态保护与社区发展的矛盾日趋突出。

　　社区及当地的牧民对自然资源的利用是当地经济社会发展的物质基础，也构成了社区与国家公园的经济依存关系。如果国家公园为了保护当地的生态环境与自然资源，而禁止当地的居民使用自然资源，就会造成当地居民的生活贫困，更会破坏生态保护与当地社区经济发展的和谐关系。这不仅不能促进生态保护，反而会造成矛盾，加剧不稳定性。人与自然的和谐，不仅意味着生态环境的改善，也意味着生态的红利被转化为人与自然共享的红利，意味着国家公园内的农牧民在保护生态环境的同时可以享受生态保护的红利，帮助农牧民改善传统的生产方式，积极地参与生态保护。综合自然保护和发展项目（integrated conservation and development program，ICDP）提倡将自然保护与社区发展相结合，强调社区通过生态补偿、发展生态旅游、开发手工艺品、开展育林等生态建设项目减少当地居民对自然资源的依赖，并通过提供经济机会减少自然保护和社区之间的利益冲突，促进保护目标的达成。社区参与程度越高，生态保护与社区发展的矛盾和冲突就越少。

二、三江源国家公园建设中生计优化的现实选择——社区参与

国家公园实行最严格保护，自然保护地相关法律法规和部门规章的制定，不同程度地限制了当地居民对资源的利用，其传统的生产生活方式受到限制或禁止，生态保护与社区发展的矛盾日趋突出。牧民对自然资源的依赖程度较高，因语言不通、受教育程度较低和交通落后，牧民寻求替代生计的能力也非常有限，因此生态保护与社区共同发展、文化多样性保护、传承与旅游开发建设的关系中相关利益主体如何有效地参与，使这些利益主体从国家公园得到的利益与其付出达到均衡，从而缓解三江源国家公园建立过程中可能存在的矛盾，成为促进自然保护地可持续发展的关键。

国家公园具有公共属性，要想使国家公园走上可持续发展的道路，不能只是把国家公园社区及相关群体当作国家公园的被动接受者，而应该鼓励他们更多地发表意见和看法，创造机会和条件让他们参与国家公园的建设和管理；通过与多方的合作，社会各方不仅是享有国家公园生态系统服务的利益既得者，也可是自愿贡献、具有控制权的主人翁，使得建设国家公园真正为农牧民带来的物质与精神福利。在国家公园管理局的主导下，三江源国家公园通过与当地政府协同配合，组织社区参与国家公园政策、规划制定，设置公益岗位和管理岗位，通过社区深层次、多渠道参与国家公园保护管理实现国家公园的全面共治、全民共享。

1. 设置公益岗位，推进三江源国家公园生态保护

设置公益岗位是社区参与国家公园保护和社区建设并从中受益的重要方式。按照《三江源国家公园条例（试行）》的规定，国家公园管理机构应会同有关部门建立健全生态管护公益岗位制度，合理设置生态管护公益岗位，聘用国家公园内符合条件的居民为生态管护员。

三江源国家公园体制试点坚持人与自然和谐共生原则，将生态保护与牧民充分参与、增收致富、转岗就业、改善生产生活条件相结合，全面实现了园区"一户一岗"。2015～2018年，共有17211名生态管护员持证上岗，青海省财政共投入4.34亿资金，每户年均收入增加2.16万元。为了更好地开展生态管护工作，生态管护员经常集中开展培训，培训内容包括国家公园管护办法、野生动

物救治知识、垃圾分类方法等。生态管护员经培训持证上岗，协助国家公园管理机构对生态环境进行日常巡护和保护，报告并制止破坏生态环境的行为，监督禁牧减畜和草畜平衡执行情况。试点建设国家公园后，生态环境好了，野生动物数量增加了。除了生态监测任务，生态管护员日常还负责水质、水源的检测，也经常从事垃圾清理工作、集中连片式恢复治理等。同时，三江源国家公园推进山水林草湖组织化管护、网格化巡查，组建了乡镇管护站、村级管护队和管护小分队，构建远距离"点成线、网成面"的管护体系，使牧民逐步由草原利用者转变为生态管护者，将原住居民转变为国家公园管护员，保护生态由政府出资，促进人的发展与生态环境和谐共生，很大程度上促进了自然保护地可持续发展。

2. 开展合作经营，缓和了生态保护与社区发展的矛盾

三江源国家公园体制试点充分利用当地传统手工技艺，保护传承唐卡、藏医、歌舞、服饰等文化资源，培育市场主体，吸纳农牧民就业。据统计，2018年底三江源国家公园内已组建 48 个生态畜牧业专业合作社，其中，入社户数6 245 户，占园区内总户数的 37.19%（刘峥延，2019）。三江源国家公园内成立的半边天妇女合作社年人均收入稳定增加，由 2014 年的 2125 元增加到 2017年的 5372 元；而随着产业知名度的增加和工艺手段的改进及营销，2018 年人均年收入比 2017 年增加了 2 倍，达到 15 000 元。三江源国家公园通过精心谋划，积极探索，使传统产业得到保护传承和优化提升，新兴服务业健康发展，当地群众的生活质量得到改善，更加积极地参与生态文明建设，真正实现良性共赢发展。

三江源国家公园一方面通过减少牲畜总量，将适度适时禁牧、季节性禁牧、划区轮牧、适时转场轮牧、重点区域休牧等多种方式结合起来推广利用。政府引导并与群众建立约定，确定载畜量上限，严禁过牧超载。通过充分协商后达成共识，以村社为单位设定放牧和转场时限，拆除分割过细的围栏，对无畜户、弃牧户的草场制定合理流转和利益分配机制。这些措施减缓了对草地利用的压力，使区域的草地生态环境得以恢复，使生态系统趋向良性循环，增强了生态系统的稳定性。另一方面，通过改良品种、加快周转、草场合理流转、联户经营、发展家庭牧场、扩大粮改饲、开发高端绿色有机品牌等多种行之有效的举

措，提升畜牧业的比较效益，使三江源地区生态资源有效转化为高品质、稀缺性特色畜产品资源，增加牧民收入，使牧户对生态保护的相关政策不再抵触，可以更加积极地参与国家公园相关建设，实现了区域人与自然的和谐。

3. 开展自然体验，实现生态保护和社区发展的共赢

自然保护区管理中曾经出现的割裂人地关系的"封闭式"管理限制了社区牧民土地利用与资源获取，这样的方式将保护与发展对立，难以取得预设的保护成效。三江源国家公园借助当地良好的自然资源和丰富、神秘的文化优势，在控制强度的前提下，开展高端生态教育体验。鼓励、引导并扶持牧民从事公园生态体验、环境教育服务以及生态保护工程劳务、生态监测等工作，使牧民在参与生态保护和公园管理中获得稳定的收益。例如，在杂多县政府、山水自然保护中心等组织机构的引导、支持下，澜沧江源园区2016~2018年连续三年举办"自然观察节"，引导牧民参与其中。2016年，15名经过培训的牧民成为自然向导，每人每天能获得500元收益。2017年，18位经过培训的牧民服务自然观察节，每位牧民都获得2000元的收入。可见，牧民参与生态保护活动规模在不断扩大，收益在不断提高。

在开展自然体验的同时，三江源国家公园也大量开展环境教育。由国家公园管理局牵头，三江源国家公园组织社区为国家公园管理机构、景区旅游公司在生态修复、社区环境卫生提升、景区服务三个方面提供服务，使社区居民更多参与国家公园建设和经营活动，培养对社区和国家公园的亲近感、归属感，同时增加收入。长期的教育和培训，使牧民转变传统生产生活方式，融入公园的环境教育和资源保护中，最终增加收入、改善生活、摆脱贫困，使之成为永远不离开的国家公园守望者。

国家公园作为国家所有、全民共享、世代传承的重点生态资源，是国家生态安全的重要屏障，是国家形象的名片。三江源国家公园的社区参与机制中，牧户是"参与者"。牧民对环境保护的响应是生态保护战略有效实施的关键，主体参与意愿直接影响生态保护项目实施的成效和可持续性，是区域生态经济可持续发展的前提。三江源国家公园通过与多方合作进行社区生态保护，最终实现国家公园生态资源多方共享，社区牧民自愿贡献、自主建设并获得实质收益。三江源国家公园的生态管护公益岗位制度，使牧户由草原利用者变为生态

管护者，既使牧民的生活得到了保障，又通过生态管护培训使他们认识到了生态保护的意义；而通过自然体验等项目使牧户充分地意识到了只有把生态保护好了，才有可能践行"绿水青山就是金山银山"。生态环境保护好了，当地的牧户也尝到了甜头，分享了生态保护的效益，将更积极地参与到生态保护项目中，最终实现良性循环，促进人地和谐与社区发展，是生态保护与社区发展双赢的典范。

后记　三江源牧户的生态保护与生计研究反思与展望

本书采用规范分析与实证分析相结合、模型分析与微观经济分析相结合的方法，针对草地生态退化背景下青海不同民族聚居区中牧户的生计能力和保护参与行为机理等问题，对牧户信仰-利益博弈行为选择、牧户生态保护行为机理进行了研究，建立了牧户能力—生计—生态恢复保护行为框架，构建宗教本土化的、地域性的制度安排和发展对策，为民族地区生态经济可持续发展和青藏高原自然资源管理提供科学支撑。但仍存在一些不足，主要表现为如下三点。

1）对宗教文化和其他逻辑博弈下的选择探讨不足。

本书仅仅基于认知-刺激-行为理论和有限理性理论而提出假设，通过对牧户生计水平、保护外部性认知和退化感知探讨了牧户的保护行为响应情况，而民族地区草原牧户的行为选择可能受其宗教因素的影响，也可能是效用理论和认知理论及其草原放牧与宗教行为逻辑的混合或者博弈的结果，本书未探讨，使结论可能存在着局限性和不完善性。

三江源95%以上的牧户都信仰藏传佛教且其中的很多传统文化的影响较为深远和广泛，故在三江源区域的相关行为选择模式和逻辑结果没有差异性，宗教影响的结果比较重要但却没有研究出差异性，这是本书研究不足的一个方面，希望在今后的研究中可以对三江源区域外的其他区域做相关研究，进行对比来观察宗教影响下的行为选择模式有何不同。另外，因无法对宗教文化指标进行量化，所以在定量分析中也没有分析其影响的程度、大小等，只是在定性分析时进行了论述。但正如第4章所述，即便没有定量化、没有对比研究，我们的研究结论也佐证了我们的假设是正确的，即三江源牧户的行为选择模式，是受其宗教信仰和其他认知影响下综合选择的结果，该结论依然是可信的。

　　2）对其他民族地区的保护行为研究未涉及。

　　本书设计了青海民族聚居区生态保护行为和生计的研究，但考虑到三江源生态退化明显，而三江源生态保护工程实施多年，该区域的牧户生态保护行为等更具有典型性，因此重点研究了该区域的生态保护行为、福祉及其生计研究。在研究过程中，因区域较大，语言不通，交通不便，当地牧户经常在冬夏季牧场游牧，故调研难度增加，只完成了三江源的研究。而对其他民族聚居区，如青海湖流域、祁连山区等区域的牧户保护行为等未涉及，缺少了区域间的对比和青海民族区域间的归纳。希望在今后的研究中，能够对这三个区域做对比和归纳，形成民族区域生态功能区牧户的生态保护行为模式。

　　3）对生计与减贫的相关探讨未深入。

　　三江源是生态脆弱地区，也是贫困人口广、贫困程度深的区域。三江源因自然资源承载力低，不能无限制地发展经济，经济发展困难，因此区域性贫困较为明显。贫困地区多处于自然条件恶劣，生产生活条件差，灾害多发、易发地区，自身抗灾能力弱，贫困风险大。导致贫困的原因：首先，农牧区多在偏远地区，普遍基础设施较缺乏，交通、通信、供电、供水、医疗等公共基础服务设施建设不足；其次，农牧区人口受教育水平低，劳动力就业能力差，生计方式单一、水平低；最后，农牧区生产经营方式依然落后，农畜产品加工转化率低，农牧民收入低，增收渠道有限，也导致贫困化水平一直较高。

　　青藏高原生态屏障在国家生态安全战略格局中具有突出作用，但生态环境的敏感性和脆弱性以及地区经济发展的需求，加之资源利用的限制使得贫困人口贫困程度较深，减贫成本更高，更使得区内的脱贫问题不仅仅是解决经济发展差距问题，还叠加了生态安全和社会稳定问题，使脱贫问题更加复杂、棘手和紧迫。三江源生态保护区的设立和运行，为我国乃至东南亚的水源保护、生物多样性保护均意义重大，但生态补偿机制的不健全，使我国牧区的农牧民陷入了政策性贫困，因此补偿区域和当地农牧民失去的发展机会和权力，让农牧民分享生态保护的成果，是实现地区脱贫和生态保护双赢的关键。

　　三江源贫困的最根本原因是自然资源制约、生态约束和政策约束，当地居民尤其是贫困人群的生计单一和生态脆弱。本书仅仅评价了三江源牧户在响应生态保护中的生计变化及其与幸福感的关系，未能进一步探讨生计如何深层次地影响牧户的福祉和区域的贫困与发展问题，也未探讨这些区域如何减贫、精准扶贫以实现区域的生态文明建设，希望在今后的研究中能关注这一问题。

根据对本书研究不足的反思，笔者对未来三江源地区生态保护、牧户福祉、牧户生计与可持续发展、生态保护管控等方面的研究做如下展望。

1）量化宗教和文化因素对生态保护行为的影响。

民族地区的生态保护行为往往受到宗教和传统文化因素的影响，但到底影响程度有多大，影响的阈值是多少等需要定量分析，因此如何量化文化指标，并且在此基础上准确核算区域生态系统服务的文化价值，对该区域的自然资源管理政策制定和生态文明建设具有重要意义。

2）开展生态系统与福祉研究。

生态系统服务功能的变化及其对人类福利的影响是生态系统评估的核心内容，资源环境是人类能力或福祉的产生源泉。《千年生态系统评估》非常明确的定义和区分了生态系统服务和人类福祉：生态系统产生的支持服务是供给服务、调节服务、文化服务三大生态系统服务的基础。因此自然生态系统福祉关注的不应该仅仅是生态系统本身贡献了多少的功能和服务，更应该体现在该生态系统环境中以人为中心的人类能力（或自由选择）得到了多大程度的提高或改善。

生态系统服务的变化会对人类福祉产生影响，而依赖于生态系统服务的贫困人群或弱势群体的福祉将受到更严重的威胁，因此学者更关注生态系统服务保护或者生态退化对贫困人群的福祉影响，建构起生态系统服务和人类福祉的概念框架，探讨生态保护对人类福祉的意义，探究在资源利用和贫困减少的过程中权衡，以如何实现有效的生态保护，对提供生态系统服务和保护生态系统的贫困者的福祉影响进行重点研究，把生态系统服务纳入资源利用、生态系统管理、生物多样性保护、区域可持续发展以及减少贫困等议题，才有可能实现生态保护-人类福祉提高-可持续发展的多赢局面。

在评价生态系统带来的人类福祉时，尤其应该注意区分生态系统服务和功能及其能力（福祉）的区别，我们研究的福祉不是为了纯粹地追求自然资源或者自然资源的经济价值，真正的着眼点是在生态环境中人类能力的提高。生态系统过程的核心——生物多样性，其损失不仅会导致生态系统过程的退化，也会严重影响人类福祉，使其大幅度下降，尤其将威胁到贫困者的福祉。

在可持续发展的概念、综合保护和发展理念下设定环境和人类发展之间的特定的制度安排，将人类活动和生态系统服务之间的社会-生态相互依存关系作为生态系统管理的基本导向，把生态系统服务纳入资源利用、生态系统管理、生物多样性保护、区域可持续发展以及减少贫困等议题，重视生物多样性、生态系统服务的政策和管理战略上的互补性，实现生物多样性-生态系统服务-福祉的连接，通过生物多样性的保护实现人类福祉的提高；探讨生态保护对人类福祉的意义以及如何在资源利用和贫困减少结果下实现生态保护，探究保护和生态系统服务流量的变化会如何影响福利，尤其是对贫困者的实际影响，加强贫困地区自然资源的管理和关注贫困家庭的参与能力及替代生计，并设计政策工具和机构来公平、有效地管理生态系统，构建以福祉损失为基础的生态补偿机制，有助于实现生态系统的有效保护和人类福利改善的双赢局面。

3）开展生计与减贫及可持续发展研究。

贫困导致环境退化，而环境退化进一步引起贫困，可见环境退化或破坏区域的人群更容易导致贫困。贫困可能是生态系统服务下降的结果，而增加生态系统服务可以摆脱贫困，关注贫困家庭的参与能力和生计是减贫的关键。贫困人群往往生计资本和生计技能更单一、更脆弱，长期依赖于当地自然资源而生存，在面临气候变化下生态退化或生态保护相关政策冲击时，经常没有能力去选择其他生计或者生计选择机会受限制，往往使他们陷入贫困化风险。

发展不仅仅是经济水平和速度的提高，更是人类福利能力的提高和生态环境保护的实现，而一个区域的和谐发展离不开当地牧户的福利贡献和福利改善。因此，三江源自然保护区发展的含义是草地生态环境恢复及保护过程中牧户的福利水平改善及能力提高，三江源草地生态保护过程中牧户的福利公平及优化是区域社会经济制度安排和政策实施的关键立足点。增加生态系统服务或者减少生态破坏能显著的减少贫困，或者加强改善生计方式，提高生计能力，设计科学的机构和体制，加强生态系统保护相关的决策及其经济洞察力对改善和提高人类福祉尤其是扶贫具有重要意义。

因此，注意避免陷入扶贫和环境退化的恶性循环，并且在对资源禀赋优化利用的同时关注当地人群的生计，减少过度放牧、过度毁林和砍伐等对生态系统的依赖和破坏，采取适当的发展方式执行减轻贫困计划，加强生态系统的修复、保护、可持续利用规划和管理，是有可能实现生态系统保护扶贫与双赢。

生态文明与可持续发展是 21 世纪社会发展的重大命题，故流域管理不仅限于水资源保护和开发意义上的资源管理，而且更加注重调整社会发展与生态保护的内在关系以及人与自然的关系，实现科学发展、和谐发展、持续发展的管理。可持续发展基于两个基本原则：首先应优先考虑人类的需求，尤其是贫困者的需求；其次尊重环境限制（约束）。流域的农牧民是生态系统服务的供给者，却往往因此而陷入贫困和福祉受损的困境中。三江源自然保护区生态环境脆弱，而当地的农牧民长期以来依赖当地的自然资源而生存，生活技能单一，形成了当地特有的文化习俗和社会习惯。当地农牧民受各种因素的制约和流域利用自然资源的权利受到限制，如果后续的生计政策不能有效地发挥作用，在流域内外部的各种博弈中处于劣势地位，而各项补偿不能有效弥补的情况下，当地的农牧民的经济福利将受到较大的损失。自然资源可持续性得以实现的条件是确保当地居民的福利不低于保护和受限之前的水平，自然资源保护和利用开发中对居民造成的福利受损和发展机会受限是影响当地农牧民供给生态系统服务的最重要制约因素。因此，探究导致三江源自然保护区的生态服务功能变化导致的居民福利变化、居民生计模式及其如何在博弈中获取更多的利益均衡和补偿，将成为解决流域管理可持续的关键。

4）开展基于利益相关者的生态保护管控系统研究。

生态系统和生态系统服务与人类社会福祉关系的研究将成为现阶段生态学研究的核心内容，并引领 21 世纪生态学发展的新方向。任何自然或人为的驱动程序诱发因素，直接或间接导致生态系统的变化，直接驱动明确影响生态过程。杨光梅等（2007）的研究指出，当某一项生态系统服务的供应相对于需求来讲比较充裕时，生态系统服务的边际增长只能引起人类福祉的微小变化；但当某一项服务相对稀缺时，尤其是在生态系统功能更为脆弱的区域或者供给不足时，生态系统微弱变化将可能导致人类福祉的大幅度降低。作为少数民族聚居区，生态脆弱而敏感的三江源生态系统服务的变化可能对流域的福祉发生重大的影响。澜沧江流域上下游之间、流域内外各利益主体之间必将产生对各种利益的权衡和博弈，而缺乏有效的管理或管理失灵，都将导致公地悲剧的发生和流域管理效率的非均衡，更会影响区域生态、经济和社会的不稳定与非可持续。

因此，如何精确地评估流域的水土生态系统服务供给量和生产、生活及生态需水量，如何协调和解决经济与生态环境之间的关系以及区域之间或流域上下游之间用水竞争的矛盾，权衡和协调各利益主体之间的需求与矛盾，是流域综合管理重点研究和解决的关键问题。

因此希望今后研究中综合运用生态治理理论、利益相关者理论和博弈论等相关理论，对基于利益相关者的三江源生态共同治理机制展开系统研究，构建利益相关者共同治理机制模型，探究流域生态利益协调过程中利益相关者的行为发生机制，在此基础上，提出基于利益相关者共同保护的三江源生态保护管理的整体性政策设计，为实现民族区域和生态主体功能区域自然经济社会可持续发展提供决策参考。